U0167758

食宋记

初邱·涯涯 著

人民邮电出版社

北京

图书在版编目（CIP）数据

食宋记 / 初邱，涯涯著. -- 北京：人民邮电出版
社，2024.8. -- ISBN 978-7-115-64649-1

Ⅰ. TS971.2

中国国家版本馆 CIP 数据核字第 2024GG8972 号

内 容 提 要

本书为厨娘初邱复刻宋代食谱的图文手记。

书中按十二个月呈现六十余道菜，每一道菜均参考古籍记载，每一道菜也皆应自然时令。本书详细地列出了菜品的烹制步骤，并配以图片，直观呈现了宋食的制作过程。

本书适合宋韵文化爱好者和研究者收藏，也可供烹饪爱好者参考。

◆ 著　　　　初　邱　涯　涯
　　责任编辑　魏夏莹
　　责任印制　周昇亮

◆ 人民邮电出版社出版发行　　北京市丰台区成寿寺路 11 号
　　邮编　100164　电子邮件　315@ptpress.com.cn
　　网址　https://www.ptpress.com.cn
　　天津裕同印刷有限公司印刷

◆ 开本：690×970　1/16
　　印张：13.5　　　　　　　　　2024 年 8 月第 1 版
　　字数：345 千字　　　　　　　2025 年 1 月天津第 2 次印刷

定价：108.00 元

读者服务热线：(010)81055296　印装质量热线：(010)81055316
反盗版热线：(010)81055315
广告经营许可证：京东市监广登字 20170147 号

序

一

初邱是一名美食博主，但她与其他美食博主有一个标志性的不同点，那就是她专注于宋代美食的复刻。

宋代可谓是"吃货"的黄金时代，煎、烤、炸、炒、煮、蒸等烹饪手法在宋代已经成熟。同一种食材，可炒可煎，可蒸可煮，可油炸，可腌渍，可生吃。不同的烹饪手法，可以做出不同的美食，呈现出不同的风味。宋代的城市里到处都是食店饭馆，一般的大排档都可以提供多种多样的菜品，高档一点的饭店，更是以丰盛的菜肴吸引食客，有热菜，有凉菜，还有冰镇的冷菜，菜品丰富，"不许一味有缺"，任食客挑选。宋人笔记中也留下了不少宋代美食的菜单，比如《武林旧事》就收录有南宋绍兴二十一年（公元1151年）张俊宴请宋高宗的菜单，其中正菜有30道，分别是：花炊鹌子、荔枝白腰子、奶房签、三脆羹、羊舌签、萌芽肚胘、肫掌签、鹌子羹、肚胘脍、鸳鸯炸肚、沙鱼脍、炒沙鱼衬汤、鳝鱼炒鲎、鹅肫掌汤齑、螃蟹酿橙、奶房玉蕊羹、鲜虾蹄子脍、南炒鳝、洗手蟹、鲟鱼（鳜鱼）假蛤蜊、五珍脍、螃蟹清羹、鹌子水晶脍、猪肚假江珧、虾橙脍、虾鱼汤齑、水母脍、二色茧儿羹、蛤蜊生、血粉羹。

这份菜单，光看名字就令人垂涎欲滴。可惜由于史料的匮乏，我们只知道宋代美食的名单，却不清楚这些美食如何烹饪。这种情况下，初邱的宋代美食复刻的意义就凸显出来了。

初邱不仅熟悉宋代美食文化，厨艺也十分了得，如果生活在宋代，就是妥妥的顶级厨娘。她复刻宋代美食的态度是认真、严谨的。几年前，她与央视合作，复刻一桌宋代的年夜饭，恰好我受邀担任那次复刻活动的顾问，因此便与初邱认识。她每复刻一道宋菜之前，都会先搜罗相关的文献，也会请我帮忙提供一些相关史料，解答一些疑问，以求所复刻菜品的食材、名称都符合宋代的生活实际。

那一次，初邱复刻的只是一桌宋代的年夜饭，不想几年过去，初邱对宋代美食的复刻成果已可以结集出一本书了。我看了作者自序、目录与样章之后，由衷地认为这是本值得推荐的好书。

初邱从日常积累的1300多道宋食中，精选出60余道美食进行复刻，在书中将其按宋人的节令习俗进行排序，以春节开篇，冬至结尾。全书图文并茂，文字优美，配图精致，对宋人的生活习俗、美食文化做了生动呈现，而且介绍了每一道宋代美食的食材与复刻过程，让读者不但可以通过图文感受宋代的生活之美，还可以自己动手制作，亲口尝一尝宋代的味道。

需要特别提醒读者朋友的是，古代由于科技不发达，饮食中可能会用到一些副作用比较大的材料，比如明矾，宋人常用它来给食物保鲜、优化口感，但今天我们知道，明矾有毒，今人复刻宋菜，当然不必拘泥于古法，非要使用明矾。又如宋人制作屠苏酒，会用到一味中药——乌头，但乌头毒性很大，不可盲目应用。

我对宋代美食的复刻、宋代文化的复兴都持一种态度：不要食古不化，不要一味追求复古，而应当将传统与现代社会的时尚、科学相融合，推陈出新。

吴钧

序

二

初邱大概是在2019年开始做宋菜的，当时她的技艺还不像如今这么娴熟，对照着不同版本的文献一个字一个字地琢磨材料和做法，一道菜要做上好几天。

有一次我去拜访她的时候，她正在做一道叫"莲房鱼包"的菜，桌上散落着不少莲子，应是做废了好几个莲蓬。这道菜是要把鳜鱼做成莲子的形状放进莲蓬，远远看去莲蓬像新摘的一般完好无损，但内里却已是鲜嫩鱼肉。

初邱邀我和她一起去补一些食材。于是在梅雨季偶有阳光的下午，我们来到西湖边孤山前的小桥旁，在接天莲叶、映日荷花中寻找食材。

与其说我们是为了找食材，不如说是来找这道菜的来由。

几乎每一位到过西湖的诗人都为身处这莲花美景吟唱过。"荷花开后西湖好，载酒来时……画船撑入花深处，香泛金卮。烟雨微微。一片笙歌醉里归"说的正是这个时候。

湖边伫立的我们不用"误入藕花深处"，只用在桥头定睛片刻，就能收获"莲叶何田田，鱼戏莲叶间"的体验。当然这里要特别说明，西湖的莲蓬、荷花是禁止采摘的，但湖边卖莲蓬的大娘定是有不少新鲜好货的。

诗人的话道出意境，画家的笔溢出韵味，本该"远庖厨"的宋代士人们说且慢，心灵意绪既是我追求的，五感欲望与生活末节紧密相连，美食自当非常重要，与诗词歌赋一样，可寄情，可格物，可表明心迹。

宋人像作诗一样做菜，身处这美景时忍不住赞美，于是便巧夺天工般把绕莲叶嬉戏的鳜鱼化进莲蓬，取其莲形予其"鱼化成龙"之美意，"以酒、酱、香料和鱼块实其内，以底坐甑内蒸熟，再辅以'渔父三鲜'（莲、菊、菱汤）"，以此法烹制出的鱼味鲜肉嫩，少有腥膻，唇齿伴有莲香，美之至也。

如此精致又有雅兴，如我之凡人竟也能尝上一口"鱼戏莲叶化成龙"。本是带着要好好感受内涵意境的心态品味这道菜，却被味觉抢了先。也不知人们的味觉千年来有何进化之处，古人遵"自然之法""和味之道"调出的菜肴，依然能得到味蕾快乐的回应。

比起宏大的理想和外部的功业，宋代士人更关注自我，更关注精神生活，这倒是与当下人们的理想契合不已，无怪乎近年人们都爱极了宋代。
但更为直接的原因是，当人回归到生活主题，留下的文化便变得鲜活又触手可及。
人的需求与千年前的相比，有多大的变化呢？吃、穿、住、行、健康、爱人而已。

在七月西湖桥头寻莲蓬，或是初春去临安山头挖笋蕨，又或是赶花朝节煮上一壶百花香茶……说是复刻宋代美食，倒不如说是借着对美食的赞誉，来窥得四季、自然、世间与自己的关系。

一位学者的话和初邱一样打动我，他说，读历史是"生命与生命之照面"的过程：古人以真实生命来表现，我以真实生命来契合，则一切是活的，是亲切的，是不隔的。

序

三

我自幼生长在山村，虽物质匮乏，但母亲的巧手总能将随手可得的食物幻化成美味，这便造就了我挑剔的味蕾和热爱美食的心。山村是真的宁静，王维诗中"明月松间照，清泉石上流"是我经常能看到的情境；竹林尽头，老土木房升腾的炊烟，总使我忍不住遐想曲径通幽的另一端是否有桃花源。

大学毕业后，我虽旅居过多个城市，但对美食和山水田园的追求，一直深埋于心。

直至2018年抵达杭州，我为此处的宋风遗韵及江南水乡情调沉醉。2020年，在一次参观杭帮菜博物馆时，我更是被其中的宋代美食打动，莲房鱼包、蟹酿橙等美食不仅精致，背后的典故更是动人。我忍不住好奇：这到底是什么"神仙"味道？后又从径山寺了解到点茶宴，我发现精妙的点茶技艺，让喝茶变成了一件充满雅趣之事。

我遂着手去翻阅一些宋代的美食典籍。

我在南宋文人林洪所著的《山家清供》中，仿佛看到了宋代文人雅士的美食天地。他笔下的笋蕨馄饨，只有坐在古香亭中，对着玉茗花、品着菊苗茶时吃，才最能匹配春天笋、蕨二鲜相撞的惬意美味；他访友时，吃到僧侣相赠的洞庭馎，它虽个头不大，包着橘叶，竟能让人如置洞庭山畔。《山家清供》记载了百道美食，每道不过三两行描述，读来不禁让人生出舌尖上的遐想，更使我对那个诗意的、缥缈的浪漫年代心生向往。于是，我翻开书本，从首推的青精饭开始，尝试以视频的形式呈现复刻过程。

南宋陈元靓编撰的《事林广记》和《岁时广记》，详尽记载了宋人春夏秋冬四时节气习俗活动、衣着服饰及美食饮品等。忍不住古今对比：有多少得到了完整传承；有多少已经中断；又有多少依旧在世界的某个角落流行，只是换了名字。比如古时的"灌肺",虽做法繁复,但在今天的新疆依旧存在,只不过叫"面肺子";比如宋人过年要吃的"馎饦",依旧是今天陕西周至人们日常吃的面食,叫"坨坨",连酸汤的口味及制作手法都高度相似;古时上元节流行的各色"浮圆",与如今的汤圆并无二致。

看《东京梦华录》《梦粱录》和《武林旧事》等纪实类笔记,可以领略宋代都城的城市风貌、街头食肆,亦可一览宋时流行的美味及宴会活动。民间食肆推出的莲花鸭签,也是宫廷御宴的常见菜品;入冬的仪式感,是一场有烧烤、有美酒、会吟诗作对的暖炉会给的;爱吃羊肉的宋人,硬是将羊的各个部位的吃法开发了个遍,糟羊蹄、羊脚子、旋煎羊白肠、虚汁垂丝羊头……

六月,我泛舟西湖、观荷饮冰时,不免畅想孟元老笔下的"都人最重三伏,盖六月中别无时节,往往风亭水榭,峻宇高楼,雪槛冰盘,浮瓜沉李,流杯曲沼,苞鲊新荷,远迩笙歌,通夕而罢",很难不生出一种穿越之感。

而所有的这些领悟体验,皆产生于我旅居杭州之后。这一切,与其说是我选择了复刻宋代美食,不如说我是被宋代美食选中的那个人。这些美食就摆在那里,等待我来到杭州,等待我将它们一一复现。

复刻宋菜,我会尽量对照古籍、文献去琢磨材料和做法,这主要源自内心对宋代味道的好奇:宋代人爱的味道到底有何特色?一个时代的味道到底是什么样的?比如我做馄饨,发现多种馅料辅以煎炒过的香葱和黄豆酱,会更香润而无荤辣感;没有辣椒的宋代,亦爱麻辣口味,时人善用茴香、莳萝、花椒、黄豆酱和醋调五味,如五味烧肉;虽有柠檬,但面对海鲜河鲜,更喜以橙去腥增鲜,如蟹酿橙、蜜酿蟛蜞。每复刻出一道满意的菜品,总能给我带来视觉、嗅觉和味觉上的冲击。

2021年，父亲的突然病重与小儿饭饭的到来，几乎同时发生。我无法对生活做出过多回应，只能被裹挟着前行。我一面回忆咀嚼自己如何被养育，一面思索如何抚育新生命，也一面考究千年前的宋人如何过好每一年、每一天。于是就有了这本关于宋人全年不同节气时令的吃喝的书，我从日常积累的1300多道宋食中，选出60余道进行复刻：有我打小就上山摘来食用，但宋人制作更讲究的烧栗子；有孟元老夏日首推的消暑凉菜麻腐鸡皮……它们都是我回忆中的、必吃的、习以为常的。菜品在结构上兼顾了米饭、面食、粥、炒菜、腊脯、烧烤、兜子、签菜、鲊菜、茶饮、酒品、汤羹及蜜饯点心等多种美食类型；在食材选择上，多以羊、鸡、鱼、螃蟹、豆腐、时令鲜蔬及花材等为主，从宋人的偏好入手。总之，它们都有我必做不可的理由。

感谢吴钩、卢冉、韩喆明等老师给予的专业指导，与他们的每次交流都让我醍醐灌顶。感谢伙伴涯涯以生动的笔触使这些美食得以跃然纸上。感谢编辑姐姐慧眼识珠，提供出版机会。感谢伴侣一成从精神和行动上提供的无条件支持。正是有他们的帮助才有了这本书。

全凭一腔热爱，若有错漏之处，恳请指正。

初邱

叁 二月

金橘水团 064

山药浮圆 066

笋蕈酢 070

盘游饭 073

山海兜 076

肆 三月

寒食节 082

冻姜豉 084

杏酪麦粥 086

洞庭馎 088

花朝节 090

玲珑牡丹鲊 092

松黄饼 094

百花香茶 096

伍 四月

青精饭 102

樱桃煎 105

蜜浮酥奈花 108

拾 九月

糖霜饼 156

社饭 158

橙玉生 164

茱萸酒 167

山煮羊 169

蜜酿蝤蛑 172

拾壹 十月

小雪暖炉会 178

土芝丹 180

五味烧肉 182

炙鱼 184

傍林鲜 186

炙荤 188

酥琼叶 190

洞庭春色 192

拾贰 十一月

冬至 196

算条巴子 198

百味馄饨 200

参考文献 214

跋 215

食宋记

目录

壹 十二月

屠苏酒　016
腊八粥　019
烧栗子　022
年夜饭　024
碗蒸羊　026
炉焙鸡　028
鳜鱼假蛤蜊　030
东坡豆腐　032
满山香　034
春盘　036
金玉羹　038
馎饦　040
百事吉　042
开花馒头　043

贰 正月

梅花三味　050
梅花齑　052
翠缕冷淘　054
蜜渍梅花　056
元宵节　058
澄沙团子　060
焦馉　062

陆 五月

端午节　112
艾香粽子　114
端木煎　116
百草头　118
紫苏熟水　120

柒 六月

浮瓜沉李　124
碧筒酒　127
麻腐鸡皮　130
冰酥酪　133

捌 七月

七夕节　136
石榴粉　138
莲花鸭签　140
鲫鱼肚儿汤　144

玖 八月

木犀汤　148
醉蟹　151
琉璃肺　153

壹 十二月

杭州城下雪了，在腊月将近的时候。
近日舟车劳苦，身体也越发疲惫，这雪一来，才惊觉年关将至。

"腊月无节序，而豪贵之家，遇雪即开筵，塑雪狮，装雪灯雪，以会亲旧。"

宋人的腊月整月都是节，时刻为过年做准备。
我起身环屋一周，饶是连块腊肉也没有寻到。若是往年，母亲已把腊肉挂上窗槛，再过几日便开始做豆腐。还要酿酒，得够着祖辈和父亲过年饮个畅快。

屠苏酒一定要在年夜饭之前封存好，果子蜜饯浸泡腌制也需要时日，腊八粥总要准备，用以回馈虔诚和良善。

迎雪去街市，寻一些药材和果子，竟已可见蜡梅，一并带回，可做撒佛花[1]，可置于案上。

---

① 撒佛花："十二月，街市尽卖撒佛花"。鲜花供佛，到了十二月，街市上的撒佛花有金
　莲花、梅花、瑞香花。宋人极爱花，供奉了佛祖后，也会从街市带一些回家，做一瓶插
　花，别致喜乐。

《花篮图》 李嵩 宋

屠苏酒①

"年年最后饮屠苏"

屠苏酒是药酒，侑以虎头丹、八神，贮以绛囊，宋人可以在腊月直接去药局领这些药材酿酒。

古人在正月里对药有忌讳，但却要在年夜饭上，幼及老共饮屠苏酒。

传闻屠苏酒的方子始于孙思邈，但也有茅草屋里无名之人浸药于井而得之的说法。屠苏酒流传百年，确有防瘟之效。药王的方子传世，无名之人总带仙气，正月里人们常要"屠鬼苏魂"，这愿望自然也寄托在屠苏酒的身上。

"辟邪气，令人不染温病及伤寒。"顺利、健康，人们的愿望始终如此。

"右八味，锉，以绛囊贮，岁除日薄

---

① 屠苏酒：屠苏酒的喝法很有讲究。吃年夜饭时，先从年少的小儿开始，年纪较长的在后，逐人饮少许，因为"少者得岁，故贺之；老者失岁，故罚之"。饮酒时最好朝着东方，饮个3天，以保佑一家老少新一年都免于病痛。

晚，挂井中令至泥。正旦出之，和囊浸于酒中，东向饮之。"

大黄、蜀椒、桔梗、桂心、防风各半两，白术、虎杖各一分，乌头半分（编者注：乌头具有毒性，请勿过量使用）。

锉好后，放到囊里保存，在一年的最后一天日光渐散的时候，把囊置于井最深处。新年的第一天将其取出并浸到酒里。屠苏酒就算制好了。

往年酿屠苏酒时照药王的方法将药煎了一次，导致酒中药味很浓，不讨喜，老饮酒的父亲也皱眉头。

这次用《岁时广记》的方法，药材只浸不煎，希望今年的屠苏酒有丝丝甜味绕舌。

不过今年父亲喝不上这甜丝丝的屠苏酒了。

小弟和小妹倒是有口福，待爆竹声迎岁，一起面朝东边饮一口屠苏酒，愿家人健康。

注：本书中的食材图片未必与文字一一对应，仅提供了主要食材。

◎ 食材

黄酒500g
大黄4g
蜀椒4g
桔梗4g
桂心4g
防风4g
白术2g
虎杖2g
乌头1g

◎ 做法

一　药材捣烂成粗药末，然后用麻布袋装起来。

二　将药袋放置到阴凉处1~2日，如条件允许，可将药袋放到井底，使其充分与井泥接触。

三　将药袋充分浸泡到黄酒里半日，即可饮用。如想要药味更浓，可照《千金要方》的方法将药同酒一起煮沸后饮用。

制作参考：宋·陈元靓《岁时广记》

屠者，言其屠绝鬼爽；苏者，言其苏省人魂。其方用药八品，合而为剂，故亦名八神散。大黄、蜀椒、桔梗、桂心、防风各半两，白术、虎杖各一分，乌头半分，咬咀，以绛囊贮之。除日薄暮悬井中，令至泥，正旦出之，和囊浸酒中，顷时，捧杯咒之曰：一人饮之，一家无疾，一家饮之，一里无病。先少后长，东向进饮，取其滓，悬于中门，以辟瘟气。三日外，弃于井中，此轩辕黄帝神方。

腊八粥

"过了腊八就是年"

今年我早早地开始准备腊八粥的食材，想寻一些饱满的松仁、流心不腐的柿饼添至粥里。

腊八粥初是腊祭[1]时用于祭农神的，以五谷杂粮熬成，祭以今年的收成祈求明年更盛。

到了宋代，腊月初八，"诸大寺作浴佛会，并送七宝五味粥与门徒，谓之'腊八粥'。都人是日各家亦以果子杂料煮粥而食也"。

宋人一边祈福，一边嘴馋，除了五谷杂粮，坚果、水果干也能入粥，恐是街市上的年货，家里人爱吃的，都能加入祈福的队伍。

冬季街市上柿饼最受追捧，就算不是大户人家，也总能在冬天的果盘里拿出一块甜糯的柿饼。

不知哪家小主心思一动，把爱吃的柿饼悄悄放进厨娘的锅里。初八的晌午，家人围坐喝粥，一不小心咬到一块又甜

又糯的东西，清香伴着米和豆渗进舌齿间，大家啧啧称赞，这户人家的腊八，便另有了一番滋味。

我也动了一点心思，除了柿饼，我还在街市的坚果里挑了最爱的板栗，加入粥里。同米、豆的嚼劲儿不一样，和红枣一抿就烂的软也有差别，板栗的口感更粉，个头也大。若送一勺腊八粥入口，它便最早被咽进肚子。

不知加柿饼到粥里的那位小主，是否有祈求事事如意的私心。

多加一味栗子的我，倒是有些愿望。

苏辙年老时食板栗治腰腿疼痛，说是山里一老翁给的方子。我往年给父母熬粥便会加一点栗子，他们自是不知其中用意，只觉味很妙，甚是喜欢。

过了腊八就是年，母亲前几日还念及这粥，我做的所有菜里她最喜欢这道，她觉得喝着心里踏实。

---

① 腊祭：腊月初八做腊祭的传统可追溯到先秦时期（蜡祭和腊祭），是对农神的祭祀。五谷乃农之本，腊祭的祭品便以五谷为料。腊八节的传统传承下来，到了宋代被佛教借用并演变为斋僧节，"送七宝五味粥与门徒"，为佛粥。

◎ 食材

红小豆50g

糯米50g

核桃仁20g

松仁20g

板栗仁20g

红枣5g

柿饼30g

红砂糖20g

○
做
法

一　将红小豆提前一晚用冷水
　　浸泡。

二　加入500毫升冷水，将红
　　小豆熬煮至开花。

三　加入糯米、核桃仁、松仁、
　　板栗仁、红枣，冷水一升，
　　以小火炖煮30分钟。

四　待粥水变稠，将柿饼剪
　　碎，倒入锅中，继续焖煮
　　10分钟。

五　倒入红砂糖，拌匀即可。

制作参考：宋·周密《武林旧事》

岁晚节物：八日，则寺院及家人用胡桃、松子、乳蕈、柿蕈、柿、
栗之类为粥，谓之"腊八粥"。

烧栗子

"紫灿山梨红皱枣，总输易栗十分甜"

酿好屠苏酒，熬了腊八粥，这几日理了年夜饭清单，忙着寻食材，但总觉得忘了什么事。

朋友来信告知要带女儿来拜访，这才惊觉，果脯点心还没做。家中若无嘴馋的孩童，食物仿佛也缺了吸引力。

家中能用来做点心的食材倒也不少，金橘能做蜜饯①，红枣能做干枣圈儿，这些都是宋代街市小贩托盘里的好物。

但每每目光扫过待在角落的栗子时，都忍不住停留。我年幼时，金橘、红枣在家乡不易获得，母亲做点心的食材，都是从山里采来的。特别嘴馋的时候，我便叫上弟弟妹妹去山里捡野栗子，用衣服兜着带回，让母亲烧。

大多时候母亲有家务要做，顾不上给我们做点心，我们便把栗子扔进柴火里，烤着吃。我们守着灶台里噼里啪啦的声音，守的时间越长，冬天就越近。

不过临近新年，倒是一定能吃上母亲烧的甜栗子。

宋人烧栗子比母亲讲究，栗子去了皮膜后，需用盐水浸泡一晚上，晾干后放入瓮里，加入蜂蜜、花椒，小火烧一晚，第二天又加糖，继续烧到收汁。

烧栗子糖入果里，水分使栗子本味得以保留，比炒栗子更甘甜。

糖浸的点心存放得久，如不贪吃，留得到元宵节之后。

---

① 蜜饯：宋开始，南方大面积种植甘蔗，炼糖技术愈发成熟，不仅是饴饧蜂蜜，连糖霜也开始走入寻常百姓家。于是，宋代饭桌上糖制的食物越来越多，如杨梅糖、樱桃煎、金丝党梅、蜜煎雕花等。"万物可蜜饯"成为宋代人制作点心的秘诀。

◎ **食材**

板栗1000g

食盐5g

蜂蜜400g

花椒5g

红砂糖150g

◎ **做法**

一　板栗切掉尾部，不伤果肉。

二　在沸水中煮5分钟，然后剥掉板栗壳和膜。

三　将板栗仁用淡盐水浸泡一晚后，捞出沥干水分。

四　砂锅内依次倒入板栗仁、蜂蜜、花椒，搅拌开，小火熬煮两小时至板栗八成熟。

五　倒入红砂糖，以小火将糖融化至糖粘在每一颗板栗上。

制作参考：宋·陈元靓《事林广记》

烧栗子法：栗一斗大者，去皮膜，以盐水浸一宿，煞干入瓮内，白蜜五斤，椒一两，以文武火烧一夜。次早，又入糖二斤，再烧。候冷，别器收之。

年夜饭

"士庶之家，围炉团坐，达旦不寐，谓之'守岁'"

十二月一定要吃的腊八粥和蜜饯制造了不少过年的气氛，喜气迎面扑来的同时，也在催着我把年夜饭的菜单和食材都准备好。有荤有素，色、香、味俱全。若如古人一般严谨还需考虑一桌菜的阴阳和谐。

入年夜饭的菜并不少，我足足列了近百道菜，只从中选几道，实在难以抉择。

临近除夕，才最终定下了10道菜。

宋人过节必不可少要吃羊，再加一道传承吴越之风的鸡，主要的荤菜便有了。"年年有鱼"应不是宋人之俗，但身处江南不可不无河鲜，遂又多加一道鳜鱼。接着按照我家的传统定了豆腐和炒油菜，素菜便有了底。冬季节日里的汤羹往往承载养生之道，寓意和营养需要兼得，羊骨汤熬山药甚好。

馎饦是主食的不二选择，后为了祈福又加多一道开花馒头。

另有因偶得韭黄而加的春盘，以及围坐话家常时不可或缺的柿橘果盘，给这饭桌增添了明亮的色彩。

年夜饭菜单

荤菜：碗蒸羊、炉焙鸡、鳜鱼假蛤蜊

素菜：东坡豆腐、满山香、春盘

汤羹：金玉羹

主食：馎饦、开花馒头

果盘：百事吉

碗蒸羊

早早就定了要吃羊。宋人喜食羊肉，在重要的日子更甚。他们留下几十种羊肉做法，每一种都赫赫有名。

但我实在不喜那羊膻味儿，哪道菜既能去膻又不掩羊肉的鲜美，定是对食材和做法都有很大讲究。

特意让友人从宁夏寄了一些滩羊肉，宁夏滩羊肉膻味最轻。

又试了两道羊肉食馔，最后才定下了这碗蒸羊。羊肉厚片，酱椒调味，码入蒸碗，摆姜片。

碗蒸羊善用酒醋酱姜，"五味调和"既尊味之本，又有灭腥去臊除膻之用，恰到好处，成品自然是老少咸宜，年夜饭的头菜非他莫属。

◎ 食材

羊腩500g
黄豆酱一勺
酒半碗
醋半碗
生姜
香葱
食盐

◎ 做法

一 将羊肉焯水至稍稍定型，捞出，晾凉后将羊肉切片成1厘米厚。

二 用适量食盐、一把葱花抓拌羊肉，将其码在蒸碗上，摆上姜片。以粗麻纸盖住碗面防蒸汽进入，水上汽后，入锅，大火蒸10分钟。

三 在羊肉上淋上酒、醋、黄豆酱，撒些姜末，盖上粗麻纸，小火继续蒸2小时。

制作参考：元·佚名《居家必用事类全集》

碗蒸羊：肥嫩者，每斤切作片。粗碗一只，先盛少水，下肉，用碎葱一撮、姜三片、盐一撮，湿纸封碗面。于沸水上火炙数沸，入酒、醋半盏，酱干、姜末少许，再封碗慢火养。候软，供。砂铫亦可。

炉焙鸡

备齐食材后，恰巧收到友人信息——今年不能返乡，不得不留杭过年，便邀其家人一起守岁。

菜肴还需增加，特意问友人喜好，答，有一道黄灿灿的鸡我曾做过，甚是酥脆，酸甜开胃，非常想念。

当即定下"炉焙鸡"，跑山鸡煮至八分熟，刹小块醋酒相伴翻炒，浇汁多次，收汁入味。此菜承于浦江吴氏，做法虽不繁复，但善用香料却不留克数的吴氏却是给这道菜谱做了留白，增加了难度。

除了用料量不定，更难把握的是醋和酒的种类。只得多试几次以寻求最佳搭配。

后灵光一现，想起浦江吴氏乃吴越之人，自是有当地的用料习惯，这才有信心将湖州米醋（玫瑰醋）和绍兴黄酒确定下来。

前不久在金华人家吃到了一种叫"醋烧鸡"的当地美食，其做法用料像极了炉焙鸡，想必这就是地域传承了。

◎ **食材**

鸡一只
玫瑰醋一碗
黄酒一碗
生姜
食盐
菜籽油

◎ 做法

一 将整只鸡洗净,水开后,入锅煮至八分熟。

二 将煮好的鸡剁成小块。

三 将玫瑰醋与黄酒按1:1混匀备用。

四 锅内倒入菜籽油,大火烧热,放入鸡块、姜片,翻炒至鸡肉表皮微焦,转中火用大碗焖盖。

五 待汁水快干时,将酒醋汁分3次沿锅边淋入,每次汁干了就加,加完后翻炒片刻,盖上盖子,至下次添加酒醋汁前不得揭开。

六 加适量食盐调味,撒上葱花,即可出锅。

制作参考:宋·浦江吴氏《中馈录》

用鸡一只,水煮八分熟,剁作小块。锅内放油少许,烧热,放鸡在内略炒,以镟子或椀蓋定。烧及热,醋、酒相半,入盐少许,烹之。候干,再烹,如此数次,候十分酥熟,取用。

鳜鱼假蛤蜊

正苦恼还需有一道荤菜时，丈夫在一旁道，过年还得有鱼。

宋人钟爱鱼生，江南更是如此，无奈我身怀六甲无福享用。若是清蒸河鲜，又欠了些许新年的热闹。

说到热闹，倒是有道菜能把河里的鱼虾都请上桌。

鳜鱼取精肉，切作蛤蜊片形状，腌制后，用虾汁烫熟，便是假蛤蜊。

虾鱼生于河，蛤蜊长于海，内陆虾易得而蛤蜊不常有，于是宋人将河虾鳜鱼烹饪出蛤蜊味，以解嘴馋。

◎ 食材

鳜鱼一条
河虾10只
胡椒末
生姜
香葱
黄酒
食盐

◎ **做法**

一　将鳜鱼刮鳞去内脏洗净后，按住鱼头，用刀从鱼尾部贴合脊骨，取鱼的腹背肉。

二　剔掉鱼腹部的鱼刺。

三　刀以45度角倾斜，将鱼肉片成薄片。

四　取适量生姜、黄酒、食盐、葱花、胡椒末，将鱼片腌制15分钟。

五　开小火，将河虾、鳜鱼骨头煎至香酥。

六　加水，大火烧开后，小火熬出香浓鱼虾汤，将鳜鱼片倒入汤中，烫熟即可出锅。

制作参考：宋·陈元靓《事林广记》

假蛤蜊法：用鳜鱼批取精肉，切作蛤蜊片子。用葱丝、盐、酒、胡椒淹共一处淹了，别虾汁熟食之。

东坡豆腐

在我老家，过年要做豆腐，这比吃豆腐更紧要。豆腐不能是买的，必须要自己上石磨磨豆浆，煮沸、点浆、成豆腐花、压豆腐。小时候我爱看这浩大的工作，工序繁复，工具繁多，就算大人每年都做豆腐，每次的成品也总是参差不齐。有几年我家石磨坏了，母亲就提着一篮豆子去邻居家做豆腐，为了赶时间，全家人都要上阵，忙忙碌碌大半天，到了傍晚方端着白白嫩嫩的豆腐回家。

过年吃豆腐是我家的一个传统，今年没法磨豆子了，但将东坡豆腐列入年夜饭菜单，是早就定下的。

东坡豆腐，这道菜地位非常高。可能是苏东坡致力于推广，他每到一处，这道菜就随着东坡大名一起流传开来，也因此其文献丰富，记载翔实。并且豆腐与坚果脂香的融合，味道实在动人，历经多个朝代，改良甚少，至今仍能轻易吃到宋时的味道，这道菜算是经典。

◎ **食材**

豆腐一块
香榧数颗
黄豆酱一勺
香葱
食盐

◎ 做
法

一　将豆腐切成厚薄均匀的方块。

二　将香榧剥壳去膜后，研碎备用。

三　将香葱洗净后切成段，入油锅中以小火煎香。

四　捞出葱段留葱油，加入豆腐块煎至双面金黄，捞出。

五　香榧碎末和黄豆酱一同入锅，小火炒香。

六　锅中加入煎好的豆腐块，一起翻炒，加水收汁，最后撒上葱花，加适量食盐调味即可。

制作参考：宋·林洪《山家清供》

豆腐，葱油煎，用研榧子一二十枚，和酱料同煮。

满山香

绿叶菜可白灼加豉油，但爆炒更合我这湘人的口味。莳萝、茴香、花椒、姜末顺油下锅，快速翻炒，油溅开的香气，还不飘得满屋子、满村子都是。

可惜林洪吃的这菜是油菜，春天才是最佳时候，我便取了四季都有的小油菜代之。炒熟后颜色鲜艳不减，叶薄易入味，一次夹3片，满山的香成了满嘴香。

◎ **食材**

小油菜
莳萝籽
茴香
花椒
黄豆酱
生姜
食盐

◎ 做法

一 将小油菜洗净备用。

二 将莳萝籽、茴香、花椒炒干，碾细，生姜切成末。

三 热锅热油，下小油菜翻炒至断生，即下黄豆酱及提前备好的香料，继续翻炒片
刻，加适量食盐调味即可。

制作参考：宋·林洪《山家清供》

一日，山妻煮油菜羹，自以为佳品。偶郑渭滨师吕至，供之，乃曰："予有一方为
献：只用莳萝、茴香、姜、椒为末，贮以葫芦，候煮菜少沸，乃与熟油、酱同下，急
覆之，而满山已香矣。"试之果然，名"满山香"。

春盘

"渐觉东风料峭寒，青蒿黄韭试春盘。"年三十临近晌午去街市寻油菜，只剩下寥寥几位农夫在门口伫立，一位农夫担里还剩一些韭黄和竹笋，我一并买走了，农夫少收了我两块钱，空着担子回家过年了。

添一道春盘，散五脏之气。红绿相间，饭桌上也明朗起来。

春盘是芦蒿、萝卜、香菜、韭黄、竹笋切丝，用春饼皮裹起来的卷儿。这5种丝，每一种都味辛，在得到"春盘"这雅名之前，人们更多称它为"五辛盘"。

吃五辛是为了散五脏之气，发散表汗大致能预防疾病吧。

◎ 食材

春饼皮
芦蒿
萝卜
香菜
韭黄
竹笋

一 将所有食材洗净，芦蒿、香菜、韭
黄切段，笋焯水后切丝，萝卜切
丝，段和丝的长度稍长于饼皮的
半径。

二 以春饼皮裹香菜段、韭黄段、芦蒿
段、竹笋丝、萝卜丝。

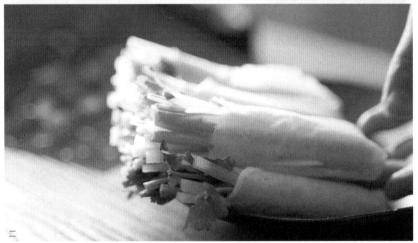

制作参考：宋·方岳《春盘》

莱服根松缕冰玉，蒌蒿苗肥点寒绿。霜鞭行笋软于酥，雪树生虀肥胜肉。与吾同味蓴
丝辣，知我常贫韭葅熟。更蒸独压花层层，略糁饧饧成金粟粟。

金玉羹

把做碗蒸羊剩下的羊脊骨
熬了汤，正好可做道羹。
少许板栗，一截山药，板
栗金黄、山药似玉，金玉
羹是也，冬日补气滋阳，
再好不过了。

对身体有益的可不是什么
真金美玉，山野里随处可
见的栗子和山药才让人
健康。

◎ **食材**

羊脊骨500g
山药
板栗
生姜
食盐

◎
做法

一　羊脊骨、姜片入锅，水开后，小火
　　炖两小时，熬成羊汤。

二　将山药、板栗去掉皮膜后，切成厚
　　度均匀的薄片。

三　将山药片、板栗片加入羊汤中，加
　　适量食盐调味，烫熟即可。

制作参考：宋·林洪《山家清供》

山药与栗各片截，以羊汁加料煮，名"金玉羹"。

馎饦

年夜饭的主食很好决定，毋庸置疑是馎饦。"京师人家多食索饼，所谓年馎饦者或此类。"馎饦是面条（面片），吃法和如今吃面一般，可佐以肉糜菜羹。

想着饭桌上另有鱼肉，便做了最清爽的青菜馎饦作为主食。

◎ **食材**

面团
青菜若干

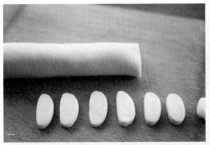

◎ 做法

一　将90毫升水分多次加入面粉中，揉成光滑的面团，醒面15分钟。将面团揉搓成粗长条，然后切成小剂了。

二　将小剂子投入盆中，浸泡15分钟。

三　用拇指将小剂子从中间向两端拉成薄薄的柳叶状，水开后，入锅，放青菜，大火煮熟，加适量食盐调味即可。

制作参考：北魏·贾思勰《齐民要术》

馎饦，挼如大指许，二寸一断，著水盆中浸。宜以手向盆旁挼使极薄，皆急火逐沸熟煮。非直光白可爱，亦自滑美殊常。

百事吉

基本准备好所有的饭菜后，和友人一起做了塔状的果盘，谓之百事吉（即取柏叶、柿子、橘子首字谐音）。我和友人边聊天边看孩子吃蜜饯，就一会儿的工夫，夜幕已降临。待丈夫把屠苏酒取出来，就可以斟酒碰杯吃年夜饭了。

习俗参考：宋·周密《武林旧事》

岁晚节物：祀先之礼，则或昏或晓，各有不同。如饮屠苏、百事吉、胶牙饧、烧术、卖懵等事，率多东都之遗风焉。

开花馒头 ①

丈夫却进了厨房迟迟没出来。我悄悄探头，看到他在灶台上费劲地往面团里塞馅儿。

古人会给足月的孕妇送馒头，我在盘算年夜饭菜单时提起过，后因觉得为时过早而舍掉了。丈夫应是觉得今年年夜饭定要特殊一点，暗下决心要自己动手加上一道菜，给这喜事再加上好运。

开花馒头顶部需留个小髻，形似花开状。但丈夫觉得"喜"字更适合，便从模具中找出一个"囍"印到胖乎乎的馒头上。

他戏称为"喜开花馒头"。

◎ **食材**

面粉200g
酵母2g
温水120mL
羊肉500g
猪板油50g
松仁10g
杏仁10g
生姜
陈皮
醋
葱白
食盐

① 宋人王栐在《燕翼诒谋录》中记载："今俗屑面发酵，或有馅或无馅，蒸食之者，都谓之馒头。"

一　酵母以温水兑开，倒入面粉中，搅成面絮状。

二　将面粉揉成光滑面团，盖上纱布，发酵15分钟。

三　羊肉切薄片，焯水后切成小碎粒；猪油切成小碎粒；杏仁、松仁磨细；生姜、陈皮切末；葱白煎香后，切末。备用。

四　以上材料，淋上醋，加适量食盐调味，抓拌均匀。

五　面团揉擀排气后，分成4个80g大小的剂子，然后擀成皮，每个放上约130g的馅料，包圆。

六　在木质模具中撒上红曲粉，将包子塞入模具中印花定型。继续密封醒发30分钟。水上汽后，大火蒸18分钟。

制作参考：元·佚名《居家必用事类全集》

平坐大馒头：每十份，用白面二斤半，先以酵一盏许，于面内刨一小窠，倾入酵汁，就和一块软面，干面覆之，放温暖处。伺泛起，将四边干面加温汤和就，再覆之。又伺泛起，再添入干面温水和。冬用热汤和就。不须多揉。再放片时，揉成剂则已。若揉盏，则不肥泛。其剂放软，擀作皮，包馅子。排在无风处，以袱盖。伺面性来，然后入笼床上，蒸熟为度。

打拌馅：每十份，用羊肉二斤半，薄切，入滚汤略焯过，缕切。脊脂半斤、生姜四两、陈皮二钱，细切，盐一合，葱白四十茎细切，香油炒，煮熟杏仁五十个、松仁二握捏碎。右拌匀。包大者，每份供二只；小者，每份供四只。

待丈夫把屠苏酒和母亲寄来的"算条巴子"放于餐桌上，年夜饭就算是齐了。生盆火烈轰鸣竹，守岁筵开听颂椒，举杯互敬屠苏酒。

笙歌间错华筵启。

喜新春新岁。

菜传纤手青丝细。

和气入、东风里。

幡儿胜儿都姑媂。

戴得更忔戏。

愿新春已后，

吉吉利利，百事都如意。

—— 赵长卿 《探春令》

贰 正月

"雪里已知春信至，寒梅点缀琼枝腻。

香脸半开娇旖旎，当庭际。玉人浴出新妆洗。"

《梅花绣眼图》 宋徽宗 宋

梅花三味

"韵胜如许，谓非谪仙可乎"

住在杭州有不少好处，能和过往的文豪欣赏同一片四季风景，算是其中之一。

杭州虽曾是都城，但毕竟留下的文物建筑只是吉光片羽，且被大厦遮掩，让人难以领略其昔日风采。幸而这江南千百年后还是江南，都城虽已埋于尘埃之下，但水光潋滟晴方好的西湖，赵构不舍得破坏而留下的西溪，酌泉据石而饮之的龙井亭……仍是这片土地绝对的主人，决定着天堂的底色，勾勒着整个城市和人们的生活。

于是，在杭州我只要跟着古诗句，定能寻到美景。

"疏影横斜水清浅，暗香浮动月黄昏"

初春花上枝头，首先得去林逋①的孤山探梅。世人爱梅，喻其高洁，赞其傲骨。林逋爱梅至深，终其一生隐居，"以梅为妻，以鹤为子"。自林逋之后，人们称赞梅的雅致时又添了清而高的格调。

本就以食花馔为极大情趣的宋人，怎会不推崇这集士人品质品位于一物的梅馔呢？你再听听这名字，翠缕冷淘，暗香粥，汤绽梅，梅花齑……宋人把对美和品性的期待都倾注于此。孤山的梅并不繁茂，我也不像宋代士人那般有园可种梅②，想要摘得几株食材做梅馔还真是难倒了我。

后友人又邀我赴超山③赏梅，整个山头铺满了白梅、红梅，从高处望去甚是壮观。也不管这超山的梅是不是坡仙带来，山前叫卖的小贩举着的梅，成就了我这一季的花馔。

---

① 林逋：北宋著名隐士，隐居西湖边孤山中，逍遥自在。范仲淹称其为"山中宰相"，苏轼也对他推崇备至，林洪自称林逋的后嗣。他可以说是历史上第一位着意咏梅的文人。

② 宋人种梅：范成大写到了梅。"梅，天下尤物，无问智贤、愚不肖，莫敢有异议。学圃之士，必先种梅，且不厌多，他花有无多少，皆不系重轻。"可以想象当时的人们对梅花的喜爱。

③ 超山：民间流传超山的梅花最初是苏轼从杭州带了一枝来种下，遂有了后来"山头一堆石，山下万树梅"的壮丽。其实像超山这样的适生区，无论是山间野生，还是人工种植都源远流长，种梅源头无从确定。不过苏东坡与梅和杭州都结缘太深，借用他造故事也不足为奇。但超山从清朝兴起以来，引无数文人题咏留作，确是值得游历之地。

梅花齑

在寒意正盛的正月煮上一锅热气腾腾的梅花菜汤，祛寒生热，暖胃暖心。

◎ **食材**

白菜一棵
面粉一勺
梅花
生姜
花椒
茴香
莳萝籽
食盐

一　白菜洗净后对半切开待用。

二　面粉加入水中，搅匀至散开状，将面粉水烧开。

三　在面粉水中依次加入姜片、花椒、茴香、莳萝籽，用适量食盐调味，煮出香气。

四　放入白菜，烫熟捞出。

五　在碗中捧入一把梅花。

制作参考：宋·林洪《山家清供》

用极清面汤，截菘菜，和姜、椒、茴、萝，欲极熟，则以一杯元蘸和之。又，入梅英一掬，名"梅花齑"。

翠缕冷淘①

红梅的颜色甚是可爱，鲜
嫩水灵的模样在万物还未
复苏的旷野里尤为亮眼，
完全称得上一个"翠"
字。苏东坡捧着这一手的
梅红爱不释手，思索如何
才能将其留下。

何不揉进面里，红翠欲
流，趁新鲜吃下，梅色的
红晕便浮上脸庞，高雅落
入胃中。

◎ 食材

红梅花100g
面粉200g
柠檬1个
春笋若干

1）翠缕冷淘：冷淘面即俗称的过水面，是夏季常用的面食。翠缕冷淘在其他文献（以及其他刻本的《事林广记》）中所用的是槐叶。但在西园刻本中，重要佐料却变成了不太合时的梅花。足以见其编撰者承宋士人之雅致，对梅的推崇和喜爱（据说翠缕冷淘的发明者为苏东坡，因而翠缕冷淘也被称为"坡仙法"）。所以在众多梅花馔中，我仍偏爱这不太寻常的梅制翠缕冷淘。

◎ 做法

一　将新开的红梅花洗净。

二　将柠檬挤出汁淋在红梅花瓣上固色，将红梅花捶捣出汁，以纱布过滤，得梅花汁约120mL，待用。

三　将梅花汁倒入面粉中，搅成絮状。

四　将面粉揉成光滑面团，用湿纱布盖住，发酵15分钟。

五　春笋去皮切小段，以热油煎炒，加适量食盐、酱油调味，做浇汁备用。

六　取出发酵好的面团，边擀边撒面粉，防止粘黏，擀成薄面皮。

七　将面皮切成粗细均匀的面条。

八　水开后，放入面条，大火煮约3分钟，熟后捞出至冷水中过冷。

九　倒入备好的浇汁，拌匀调味即可享用。

制作参考：宋·陈元靓《事林广记》

梅花采新嫩者，研取自然汁，依常法搜面，倍加揉搦，直待筋韧，然后薄捍缕切，以急火瀹汤煮之。候熟，投冷水漉过，随意合汁浇供，味既甘美，色更鲜翠，又且食之益人，此即坡仙法也。凡治面，须硬作熟搜，深汤久煮。

蜜渍梅花

爱梅至极的杨诚斋定是从梅花里获得了不少吟诗的灵感。其诗歌高洁清雅，与带露餐梅不无关系："瓮澄雪水酿春寒，蜜点梅花带露餐。句里略无烟火气，更教谁上少陵坛。"

○ 食材

咸白梅若干
白雪一碗
蜡梅花一把
蜂蜜半盏

◎
做
法

一 用雪水将咸白梅和蜡梅共同腌制
　　一晚。

二 第二日，沥干雪水。以蜂蜜将咸白
　　梅与蜡梅化腌渍一段时间。

制作参考：宋·林洪《山家清供》

剥白梅肉少许，浸雪水，以梅花酝酿之。露一宿，取出，蜜渍之。可荐酒。较之扫雪
烹茶，风味不殊也。

元宵节①

"星灿乌云里，珠浮浊水中。岁时编杂咏，附此说家风"

小时候春节很长，但走亲访友对小孩子来说实在无聊，我便每日在心里盘算着，离元宵节还有几日，去城里看灯会逛庙会要穿这新衣、吃那小吃。

后读《东京梦华录》，讲宋时最盛大的节日元宵节，东京城内灯盏盛会如梦如幻：

"又于左右门上，各以草把缚成戏龙之状，用青幕遮笼，草上密置灯烛数万盏，望之蜿蜒如双龙飞走。自灯山至宣德门楼横大街，约百余丈，用棘刺围绕，谓之'棘盆'。内设两长竿，高数十丈，以缯彩结束，纸糊百戏人物，悬于竿上，风动宛若飞仙。"

惊觉二者相似。盘龙在天，仙女在侧，舞队的音乐声聚集了最多的游人，猜灯谜的绳子下有人已经在向家人炫耀。

母亲会在逛灯会这天特地打扮一番，说新年穿新衣，祈福会更灵验一些。

"东来西往谁家女。买玉梅争戴，缓步香风度。北观南顾。见画烛影里，神仙无数。"

什么时候离开灯会的已经记不清了，摇摇晃晃睡了一觉醒来，已在自家的院子前。

这时母亲会把早上准备好的糯米粉和豆沙馅儿拿出来，搓汤圆。父亲帮忙烧柴把水煮沸。不过10多分钟的时间，敲着碗筷等在桌前的弟弟妹妹已经吃了起来。

母亲搓的汤圆在清水里浮着，像玉一样，一口能含一个，清甜的豆沙馅儿从齿缝里流出来，赶紧吸一口，不能让它流到嘴角。一家人在深夜的饭桌前含糊不清地说着话，说着说着，年就过去了。

今年元宵，除了母亲常做的澄沙团子（豆沙汤圆），我还尝了尝宋人街市上最畅销的焦饠（炸元宵），而后觉得少了一种色彩，又做了宋人粉食店里常常售罄的金橘水团（金橘汤圆）和个头更大的山药浮圆（山药汤圆）。

---

① 元宵节：宋人最爱、最热闹的三大节日之一。正月十五是元宵节。从冬至起，开封府（今河南开封）就已经开始在皇宫前搭建山棚，山棚的立木正对着宣德门楼。一到元宵节，游人蜂拥而至，御街上人头攒动。御街两侧的长廊下是五花八门的表演，奇术异能，歌舞百戏，各家的摊子紧挨在一起，可以说整个城市都在狂欢。北宋时元宵节有假期5日，"万姓皆在露台下观看，乐人时引万姓山呼"，皇帝与黎民一同观灯。

元宵节吃"元宵"的最早记载见于宋代，当时称"元宵"为"圆子""元子""汤团""团子"，由于元宵节必食"汤圆"，因此，"汤圆"又有"元宵"之名。但有学者指出，汤圆这种食物在西晋就已出现，名叫"牢丸"，后因避宋桓宗的"桓"字，"丸"也在其中，因而弃用。

《华灯侍宴图》马远 宋

澄沙团子

宋菜做得越多，我便越常感叹，如今依然流行的传统食物，如馅饼、汤团等，在宋代似乎均可找到这样或那样的对应的形式，并且相当接近现代的样子。说宋时已经定下了中华饮食的基本面貌，往后1000多年不过略有创新，一点也不为过。

古书上记载的澄沙团子的做法，和我母亲的豆沙馅儿汤圆的做法别无二致。在宋代的果子店里，在人丁兴旺的大宅子里，在收成不错的农户家里，好几碗从锅里盛出来的热气腾腾的澄沙团子被放在灶台上等着人取，这和我的元宵节记忆好像也别无二致。

◎ **食材**

糯米粉200g
红豆200g
砂糖50g
温水150mL

◎ 做法

一　红豆提前清洗，浸泡一晚。

二　放入锅中，以小火炖煮至豆皮脱落。

三　滤水去豆皮，将红豆捣烂。

四　用纱布包裹豆沙，挤干水分。

五　在豆沙中加入砂糖，拌匀。

六　糯米粉加水揉成光滑面团，切成小剂子，包入豆沙馅料。

七　再揉成小团子，水开后，下澄沙团子煮至浮起。

八　碗内放入砂糖，舀入澄沙团子。

皮的做法参考：宋·陈元靓《岁时广记》

京人以绿豆粉为科斗羹，煮糯为丸，糖为靥，谓之"圆子"。

馅的做法参考：元·佚名《居家必用事类全集》

澄沙糖馅：红豆焐熟，研烂，淘去皮，小蒲包滤极干，入沙糖食香，搦馅脱。或面剂开，放此馅，造"澄糖千叶蒸饼"。

习俗参考：宋·周密《武林旧事》

元夕：节食所尚，则乳糖圆子、馓、科斗粉、馉汤、水晶脍、韭饼，及南北珍果，并皂儿糕、宜利少、澄沙团子、滴酥鲍螺、酪面、玉消膏、琥珀饧、轻饧、生熟灌藕、诸色龙缠、蜜煎[1]、蜜裹糖、瓜萎煎、七宝姜豉、十般糖之类。

焦䭔

元宵节时最好卖的，一定是这焦䭔。逛灯会看杂耍，小儿拎着灯笼团团游走，可来不及坐下细细品美食，若是嘴馋了，食物拿在手里边逛边吃岂不乐哉。于是，外皮炸得酥脆，小儿捏得狠也不会脏了衣物的焦䭔自然最受追捧。

◎ **食材**

面粉200g
红豆沙100g
酵母2g
食用油

◎

做
法

一　往少量温水中加入酵母，搅匀。

二　将酵母水倒入面粉中搅拌。

三　往面粉中继续加水，边加边用筷子
　　搅拌，直至成为絮状。

四　将面粉揉至光滑面团状，盖上纱

布，发酵15分钟。

五　把面团切成小剂子，压擀成圆薄
　　状，将豆沙馅包入其中，并团成大
　　小均匀的小团子。

六　锅中油冒烟后，将面团放入油锅中
　　炸至焦黄酥脆，捞出。

习俗参考：宋·陈元靓《岁时广记》

咬焦馂-岁时杂记：京师上元节，食焦馂，最盛且久。

做法参考：元·佚名《居家必用事类全集》

圆燋油：面二斤半，内六分，熟水和碱、酵各一合，化作水，入面调打泛为度。馅用
熟者。如弹子。将面、馅上手包裹了，虎口挤出，滚深油内，炸熟为度。

金橘水团

无论是士人带着雅兴还是富贵之人带着排场，正月里去酒肆饭店，都要图个大吉大利。金橘水团在粉食店总是很快售罄：金色富贵，一口一个吃得心满意足；金黄明亮，置于桌上，一桌饭菜就有了点睛之笔。

◎ **食材**

糯米粉200g
金橘1000g
蜂蜜250mL
温水150mL

◎ 做法

一　将金橘全部剪开去籽。

二　将500g金橘放入锅中，加入蜂蜜，开小火不停搅拌，直至金橘全部变得透明，金橘酱成。

三　将剩下500g金橘研碎，以纱布滤汁。

四　将金橘汁倒入糯米粉中揉成糯米团，将糯米团切成小剂子，压成面皮，包入金橘酱。

五　水开后，下金橘水团煮至浮起。

制作参考：宋·陈元靓《事林广记》

煎金橘法：金橘大者，缕开，以法酒煮透，候冷，用针挑去核，捺遍沥尽汁。每一斤用蜜半斤，煎去酸水苦汁，控出，再用蜜半斤，煎入瓷器收之。煎橙橘一依此法。

习俗参考：宋·吴自牧《梦粱录》

荤素从食店：又有粉食店，专卖山药元子、真珠元子、金橘水团、澄粉水团、乳糖槌拍、花糕、糖蜜糕、裹蒸粽子、栗粽、金铤裹蒸、茭粽、糖蜜韵果、巧粽、豆团、麻团、糍团及四时糖食点心。

山药浮圆

浮圆的口味，光古籍记载就10余种，但这山药浮圆被特意指出为"新法浮圆"，留下了更多的篇幅。如果说这"新"是指第一次尝试把山药粉加到糯米粉里，那还不足以令人惊奇，而是指意外发现这煮熟后的山药浮圆弹性极佳，甚至能滚个几尺远，其口感自然与其他软糯的浮圆不同，遂其因独特的风味而被记录下来。

◎ 食材

糯米粉80g
山药粉10g
冰糖100g
温水70mL
凉水75mL

中
貳 ○ 正月

◎
做法

一　在涼水中加入冰糖，慢火熬煮約一個
　　半小時。

二　以滴入水中不凝固為度，即成
　　糖清。

三　將糯米粉與山藥粉混合均勻。

四　慢慢往糯米粉和山藥粉中加溫水，
　　攪成絮狀，揉成粉團，再揉成大小
　　一致的小團子。

五　水升后卜山約湯圓，用中火煮全
　　浮起。

六　舀出山藥湯圓，碗中澆上糖清調味
　　即可。

制作參考：宋·陳元靚《事林廣記》

新法浮圓：糯米三升，干山藥三兩，同處搗粉，篩治極細。搜圓如常法，急湯煮之，
合糖清澆供，其丸子皆浮器面，雖經宿亦不沉。

叁 二月

線撚依依綠
金垂裊裊黃

杭州立春后，天气开始变得古怪，昨天着薄衫，今日穿棉袄。朋友打趣说杭州春如四季，倒十分贴切。

居杭城后每到春天我便格外焦虑，生怕错过好时光，冬天的被褥还没收好，一场暖流袭来，就到了酷暑。

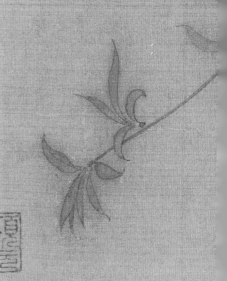

《垂杨飞絮图》（局部）佚名 宋

山海兜

"四时花木，繁盛可观"

一寒一暖会带来丰沛的雨水，今年犹盛。我身在房内心系山间，只待一个春意温柔的清晨去看看破土而出的笋和蕨。

虽没几日可得，但在杭州的春光里徜徉，活似神仙。

"湖上春来似画图，乱峰围绕水平铺。

"松排山面千重翠，月点波心一颗珠。"

山林笋衣长，蕨根壮，河间虾脚快，鱼身肥。

想留住这山湖春色，一揽眼前所见，统统置入盘中。

丈夫念我身子不便，提锄挖笋采蕨，我在旁不忘指导两句：笋节密而芽花白，蕨头卷而未开，才好。

沼虾易得，鳜鱼却需夜捕，后于街市领一回家。

再用绿豆粉皮将这山水间的春色好物包裹起来，蒸上8分钟，一口下去，笋丁和虾丁率先跳入口中，接着是温柔的鱼糜和软嫩的蕨根，清香缓缓弥漫开来，尽是新鲜的春天。

这便是山海兜了。

◎ 食材

春笋500g
蕨菜250g
鳜鱼一条
虾250g
绿豆淀粉50g
水240mL
熟油
酱油
胡椒粉
食盐

◎ 粉皮做法

一 将绿豆粉倒入水中，搅匀成粉浆。

二 舀一勺绿豆粉浆，均匀摊在不粘平底盘上（普通凉皮盘即可），将平底盘置于微滚的开水中，每3秒端出平底盘，左右倾倒，使粉浆在锅中保持厚度统一，直至粉浆凝固。

三 待粉浆呈完全的透明粉皮状时，将平底盘提出，放置于冷水中，轻轻将粉皮揭出。

四 将绿豆粉皮切成正三角形，备用。

注意：粉皮易干变黏，可在表面刷层薄油，或保持表面湿润，如觉麻烦，可直接购买绿豆粉皮。

◎ 兜子① 做法

一　鳜鱼只取鱼排部分，切丁；虾去壳，切丁；春笋、蕨菜焯水后切丁。

二　水上汽后转中火，将鱼丁、虾丁一同入锅蒸8分钟。

三　在笋丁、蕨丁、鱼丁、虾丁中加入适量熟油、酱油、胡椒粉、食盐，将所有材料拌匀。

四　在提前备好的绿豆粉皮上，舀入拌好的笋丁、蕨丁、鱼丁、虾丁，将粉皮的各个角向内折叠。

五　水上汽后，将包好的山海兜摆盘，上锅，以大火蒸3分钟。

制作参考：宋·林洪《山家清供》

春采笋、蕨之嫩者，以汤瀹过，取鱼虾之鲜者，同切作块子，用汤泡，暴蒸熟，入酱、油、盐，研胡椒，同绿豆粉皮拌匀，加滴醋。今后苑多进此，名"虾鱼笋蕨兜"。今以所出不同，而得同于俎豆间，亦一良遇也。名"山海兜"。

① 兜子：形状很像古代兵士的头盔（即"兜鍪"），故名"兜子"。兜子一般以馅心命名，《东京梦华录》卷四《食店》记载"鱼兜子"，卷二《饮食果子》记载"决明兜子"。

盘游饭①

"江上冰消岸草青，三三五五踏青行"

若不是工作要交差，不想耽误了同事，我恐怕直接卧床，一点儿也不动弹。

本应该是头3月出现的"孕反"，倒是在5个月时找上了门来，这半个月里我坐也不是躺也不是。腰酸腿重，多休息能缓解，可从嘴到腹都对酸甜苦辣失去了兴趣，这真是要了我的命。

虽说半月也不过10来天的光景，却让我觉得像过了半年一般漫长。我只能等着胃肠恢复运作，但它们就是拒绝应许一个期限。明媚的春景更是无心欣赏，这么遗憾地一想，连春光铺满床铺的温柔也只会令我烦躁。

日子都懒得数了，身心就这么熬着。

这天早上，丈夫煮了蛋花汤，告诉我这是他家春分的传统，喝汤春夏不染疾。说来也奇怪，我一口气喝了一锅，还有力气洗碗。

这时我才愕然，胃里一直压着的那块石头说消失就消失了。

丈夫需要进城取个东西，问我是否愿意一同前往。

我赶紧起身，一边走向衣柜，一边盘算着怎么能顺路去看看西溪的翠柳新芽。心里的喜悦，怎么也形容不出来。

丈夫像是能看出我这心思，提议中午去湿地里的餐厅打尖。

我心里一想起那湿地尽是春风花草香，沙暖睡鸳鸯的景色，便不由自主进了厨房。得在篮子里装满可口的食物，挑块软糯的草甸席地而坐。发尖徜徉在阳光里时，眼前三三五五的踏青人儿也成了景儿，正好四野春工遍，柔风动赏心。

那么，这道菜，一定得是盘游饭①。

一则应了这踏青的好天气，二则便信了这汇集了山海之味的油饭，果真能给身怀六甲的人带来健康。

---

① 盘游饭：陆游的《老学庵笔记》中记载了广东岭南一带富足人家产妇会吃"团油饭"；苏轼在《仇池笔记》中也记载，江南人好做盘游饭，鲊、脯、脍、炙无不有，埋在饭中，里谚曰"掘得窖子"。因方言的发音不同，才有了"团油饭""盘游饭"两种叫法。

生姜　大米　桂皮　香葱　豆豉　腊肉块　鸡肉　小虾　小鱼　◎ **食材**

◎
做法

一　将腊肉块洗净切片。

二　将鱼虾处理洗净后，放适
　　量食盐、姜片腌制。

三　锅中加水，依次放入姜
　　片、葱结、桂皮，水开
　　后，入鸡肉煮至七分熟捞
　　出，遂放盐腌制。

四　锅内放少量油烧热，以中
　　火煎鱼、虾、鸡肉至双面
　　金黄。

五　锅内剩余的油脂用于小火
　　煸豆豉。

六　大米淘洗干净，入砂锅中
　　烹煮，水开后，即可将腊
　　肉片、姜丝，以及煎炒好
　　的鱼、虾、鸡肉、豆豉铺
　　于其上，继续焖熟。

制作参考：宋·苏轼《仇池笔记》

江南人好作"盘游饭"，鲊、脯、脍、炙无不有，埋在饭中，里谚曰"掘得窖子"。

笋蕈酢

"北馔厌羊酪，南庖丰笋菜"

自春笋破土而出后，家里的笋也越堆越高。外出几日回家的丈夫惊叹："这是把临安哪个山头的笋全搬回来了？"

今年的春笋真是好收成。街市农夫老伯箩筐里的笋，笋壳黄如朝阳，笋肉白如象牙，掐一掐根部会有汁水染指，是看着筐里就会想到碗里的美味。
家住临安的友人也赠予一些，春笋还带着湿泥就进了家门，房间里尽是"山的味道"。

"宁可食无肉，不可居无竹。"
视竹为品性高洁之雅物的宋代士人，愿在盛产竹笋的江南逗留时多享用这美味。如要舟车旅行，或是错过了春笋的好时节，通过以下方法，笋也随手可得。

把笋蒸软，将生姜、葱丝、莳萝等炒出香味，拌好放到腌菜坛内，可存放数月。嘴馋时，打开坛子抓一碗，配粥下酒皆可口。

把食物用腌制的方式长期保存，称为鲊①。

食物发酵，妙在食材多一味，量多一钱，味道可能大大不同。若是两种食物相生，相处融洽，月余后开罐，更多一些惊喜。
做鲊最需要经验。

将蘑菇和笋放同一腌坛里，蘑菇鲜美味浓，竹笋清香带涩，多种香料依附其上，缠绕多日，终成一体，蘑菇的浓郁留在竹笋的清涩里。
笋蕈酢的美誉就流传了下来。

我用两个坛盛笋蕈酢，可以从春分吃到夏至。

---

① 鲊：我国古代独创的一类腌制发酵食品，始于汉，到唐宋到达顶峰。在宋代，万物皆可鲊，如玉板鲊、黄雀鲊、胡萝卜鲊、茭白鲊、藕梢鲊、披绵鲊、逡巡鲊、荷叶鲊、茄鲊、奇绝鲊菜……

○ **食材**

笋2500g

蘑菇500g

莳萝籽8g

花椒5g

生姜一块

香葱一大把

食盐

◎
做
法

一　笋去壳洗净切片，蘑菇切片备用。

二　热锅热油，倒入生姜、葱末、莳萝籽、花椒，以小火炒香，加入适量食盐调味，晾凉待用。

三　水上汽后，将笋片、蘑菇片上锅，以大火蒸约20分钟，至笋片、蘑菇片变软。

四　待笋片、蘑菇片晾凉，将其与此前炒好的香料拌匀。

五　将所有的材料放入腌菜坛内，封好口，在坛口倒一圈煎好的葱油，腌制两周。

六　临吃时，打开坛子，抓一碗，以热油炒熟即可，配粥极佳。

制作参考：宋·陈元靓《事林广记》

大笋去头，大肉蕈不以多少，细切，笼床内候气来，蒸之，看软取出，控干。炒末末
生姜、葱丝、莳萝、川椒，多用熟油，白盐炒一处，拌匀，按入新瓶内，紧扎面上，
再用葱油盖，不可犯生水。

肆

三月

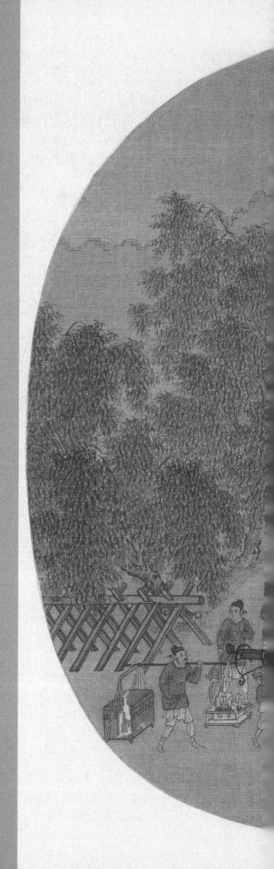

"胜日寻芳泗水滨，无边光景一时新。
等闲识得东风面，万紫千红总是春。"

《春游晚归图》佚名　宋

寒食节

"寒食清明人意闲，春城士女出班班[1]"

小时候会在清明节随家人扫墓插柳，清明节扫墓和正月十五的祭拜不一样，不可设香火，只以纸钱挂于茔树。问及原因，长辈只答"天干物燥，小心火烛"。老家的清明时节总是持续三五日雨纷纷，心中疑惑难道清明点的是三昧真火，不可轻易扑灭。

直到后来知道了清明节之前还有一个重要日子，扫墓之俗来源于此，谓之寒食节[2]。寒食节风俗有禁

① 春城士女出班班：宋时女子身居深闺，不可随意外出，寒食节借祭祖和假日之便出门踏青，纷纷以最美的衣服妆容出现，街上、各景点都是打扮漂亮的女子。

② 寒食节：寒食节的来源有3种不同的说法，即周代禁火说、改火说和介之推纪念说。具体故事不在这里赘述，总之，火对人类来说很重要，根据对火种、火神的想象，民众生出了对火的各种信仰和理解。3种说法相互交融并流传下来，让寒食节变成了一个具有祈福、禳灾性质，以及极具社会伦理道德内涵的节日。
宋代寒食节除了继承禁火、吃冷食等习俗，和前代不同之处在于其活动范围拓宽了，与踏青、春游等世俗活动结合紧密，因而它成为宋代三大节日之一，也不足为奇。

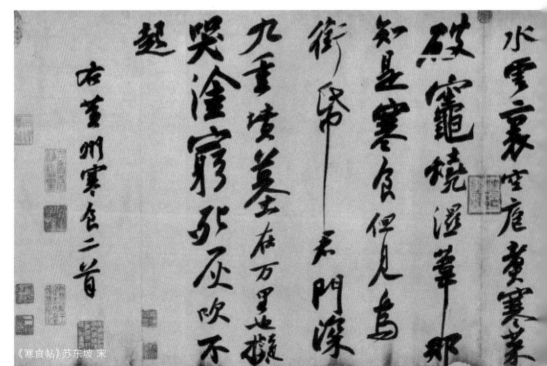

《寒食帖》苏东坡 宋

火、插柳、上冢、登山等。

相传，一开始寒食火禁要持续一个月，其间不可用火，连烧饭也不可以，于是人们就只能提前准备好便于保存的食物，以度过漫漫寒食月。

这是很苦的日子，没有取暖之火，体弱之人被冻得生病，从岁暮天寒到春寒料峭一直吃着冰冷的食物，实在不可取，于是到宋时，禁火的日子已逐渐缩短到3日。

准备3日9餐"不开火"也能吃的食物，可给了宋代的饕客厨师们一个命题作文式大显身手的机会。

于是，那些既承节日传统之志、应节气之便，又形美味佳，还便于存储和携带的"寒食名菜"多出于宋，一页纸都写不完。

无怪乎有谚语调侃："馋妇思寒食，懒妇思正月①。"

把本来苦得"冰冷"的日子，过成令人期待的节日，化苦为乐，大概是因为宋人格外嘴馋吧！

寒食节总能遇上春游踏青的好天气，不用生火也能吃上的美食正好派上用场。对了，除了带上装满食物的篮子和野餐垫，还得把自己好好打扮一番，引得诗人情不自禁吟诵"春城士女出班班""游人春服靓妆出"等诗句才可。

---

① 馋妇思寒食，懒妇思正月：出自《醉翁谈录》。"思正月"是因为"正月女工多禁忌"，"思寒食"则说明寒食节期间食品之丰美。

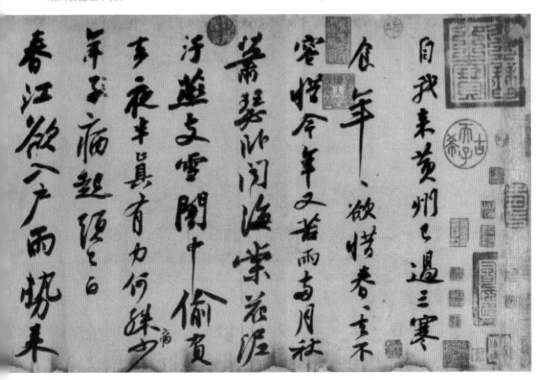

肆 ○ 三月

冻姜豉

冻姜豉[1]的妙处在于它
"不可加热"，加热反而
会失了本味，坏了形态。
前人对着冰冷的饭菜为难
时，冻姜豉以其因寒而美
的姿态，成为寒食美食中
最受欢迎的一道。
如今人们吃的肉冻前身即
为冻姜豉。

◎ 食材

食 酱 香 生 陈 花 豆 猪
盐 油 葱 姜 皮 椒 豉 蹄
                        一
                        只

---

[1] 姜豉：姜豉是一类食物的总称。用猪蹄
　　做，叫"冻姜豉蹄子"；换用鸡肉，就是
　　"姜豉鸡"；换成鱼类，则是"姜豉鱼"。

◎ 做法

一 将猪蹄切块放入锅中，依次加姜块、葱结、花椒、陈皮，水开后，小火炖煮半小时。

二 捞出姜块、葱结、花椒、陈皮等材料，继续小火炖煮一小时，加适量食盐调味。

三 将猪蹄捞出晾凉，拆卸猪骨头、肉皮。

四 将肉皮切成小块，平铺于容器中。

五 将肉汁倒入容器中，没过肉皮，密封冷藏一晚，使之呈肉冻状。

六 将豆豉下油锅以小火炒香后，拌入酱油、姜粒备用。

七 将猪肉冻切片，拌上调好的姜豉汁。

制作参考：宋·陈元靓《岁时广记》

岁时杂记：寒食，煮豚肉并汁露顿，候其冻取之，谓之"姜豉"。以荐饼而食之，或剟以匕，或裁以刀，调以姜豉，故名焉。

杏酪麦粥

宋人的后厨里不乏蜜糖和蔗糖,都甜过饴饧[①],若想喝甜粥,实属易事。可到了这寒食月,添甜味得用回谷物糖,并加大麦仁、杏仁粉一起熬,出锅时浓稠而绵密,一小碗就饱腹。在曾经漫长的寒食季,一锅微甜的饧粥维系了一家人的生命。

如今,人们再喝这饧粥,多是对苦尽甘来的感慨。"老病不禁馊食冷,杏花饧粥汤将来。"

◎ 食材

大麦仁150g
杏仁30g
麦芽糖适量

---

① 饴饧:饴饧是我国古代最早使用的人工制糖,属于谷物糖,如麦芽糖。在蜂蜜和蔗糖提炼制作技艺成熟之前(唐宋之前),古人的甜味添加剂主要为饴饧,但饴饧的甜度低,不易溶于水。严格遵循寒食节习俗的古人主要吃容易饱腹的麦粥度过漫长的寒食月,如想要在这期间"尝一点甜头",只能把饧加到粥里,故而有了"造饧大麦粥"。

◎

做法

一　将大麦仁洗净，提前浸泡一晚。

二　将杏仁洗净，提前浸泡一小时。

三　往研磨钵中倒入杏仁，加水100mL，研磨成杏仁浆。

四　将浸泡好的大麦仁倒入砂锅中，加水800mL，大火烧开后转小火，熬煮一小时至呈粥状。将磨好的杏仁浆倒入锅中，继续熬煮至麦粒呈开花状。

五　按照自己喜好的甜度，加入麦芽糖。

制作参考：宋·陈元靓《岁时广记》

玉烛宝典：今人寒食悉为大麦粥，研杏仁为酪，引饧以沃之。

洞庭① 馉

小时候，清明节时家人会蒸"艾叶粑粑"吃，因为是艾叶做的，自然承其青色，并呈扁圆状，蒸熟后蘸白糖，或油炸后淋糖浆，半口清香自艾叶，半口甜美自糖霜，实在令人难忘。妹妹长大后去了北方，总念这口"粑粑"，像一口下去，春天才宣告到来。

江南这边的"艾叶粑粑"叫"青团"，名中不提及食材，因其"青色"既可取自艾叶，也可取自鼠曲草，我还见过用苎麻叶或菠菜叶做的团子。凡能将这糯米团子染成春天的颜色，皆可取。

林洪自是不会用"粑粑"和"团子"形容这明亮的春味，以食喻人还差了点什么。正值山头橘子树生出新叶，较青团的绞衣更浓郁，近葱倩。葱倩似一轻衫着绞衣之上，食物因此有了层次，既承橘自古就有的品性高洁之喻，又有洞庭之美名，一道民间的小吃遂成就了士人咏春之雅兴。

不过，只有书本能记住那略显拗口的雅名，还得是小孩儿也好念的"团子"和"粑粑"，流传至今。

---

① 洞庭：唐宋时期，洞庭山所产的橘子天下第一，于是时人将洞庭作为橘子的雅称，后人也沿用此名。《吴郡志·土物下》载："真柑，出洞庭东、西山。柑虽橘类，而其品特高。芳香超胜，为天下第一。浙东、江西及蜀果州皆有柑，香气标格，悉出洞庭下。

◎ **食材**

橘子叶20片
鼠曲草150g
糯米粉90g
粘米粉60g
蜂蜜50mL
水50mL

◎ **做法**

一　将鼠曲草洗净焯水，切极碎，备用。

二　将橘子叶洗净，取小而嫩的10片用于切碎捣汁，加50mL水滤汁。另外，大且匀称的10片留待包裹粉团。

三　将糯米粉、粘米粉、蜂蜜、鼠曲草碎混合抓拌均匀。

四　橘叶汁烧开后，直接倒进米粉中，快速将其揉成光滑粉团，盖上纱布发酵20分钟。

五　将米粉团揪成每个50~60g重的小剂子，团成小球后稍稍压扁，以橘叶包裹。

六　水上汽后，将粉团上锅蒸8分钟，关火继续焖2分钟即可。

制作参考：宋·林洪《山家清供》

旧游东嘉时，在水心先生席上，适净居僧送"馎"至，如小钱大，各和以橘叶，清香蔼然，如在洞庭左右。先生诗曰："不待满林霜后熟，蒸来便作洞庭香。"因询寺僧，曰："采蓬与橘叶捣之，加蜜和米粉作馎，各合以叶蒸之。"

花朝节①

"小楼一夜听春雨，深巷明朝卖杏花"

"歌缥缈，舻呕哑，清酒如露鲊如花。"

杭州的花朝节①从元宵节后就开始了，直到谷雨结束。夏季的花其实更盛，但人们却对庆祝随处可见的繁花似锦失去了兴趣，更爱在天气由寒转暖时欣赏含苞欲放的花朵，赶花朝节的盛况仿佛是人们和大地一起复苏做的努力。

前几日乘摇橹船进入西溪湿地深处，乘微风悠悠到一小岛下船，转头看到船身，赫然写着"花界人间开放日入口"。

在江南，大抵什么花都能寻到，每个星期都能收到"花界新闻"：某公园的某花开得太盛，惹到了路人的眼睛，大家纷纷奔走相告，势必要把这招摇的行为曝光。

但西溪湿地里的花，开得自由随性，藏在藤蔓、浮萍、茂林里，压根就不想让你找到，你若有特别想欣赏的品种，得秉着性子把风景都欣赏一遍，它才不紧不慢地出现。

---

① 花朝节：农历二月十五是花朝节，宋代又称"挑菜节""扑蝶会"，南宋时活动以赏花为特色，每逢此日，临安（今浙江杭州）城中居民纷纷到各个名胜佳处"玩赏奇花异木"。杭州于2008年开始逐渐恢复花朝节活动，现每年举办一届。

《牡丹图》佚名 宋

玲珑牡丹鲊

就连牡丹这艳丽富贵的花在这湿地里也仿佛没了争奇斗艳的气质，它在水草丰茂、树木丛生的绿色里自顾自地摇曳着，竟生出几分野性。

牡丹最盛在洛阳，随官家南下的国色天香，自是不如在旧都的华丽名贵。但吴越江南自有赏花的雅韵，便是和这"桃花流水鳜鱼肥"的美景与生机一起吟唱。"阳和不择地，海角亦逢春。忆得上林色，相看如故人。"

◎ **食材**

鲈鱼一条
红曲粉一小勺
生姜
食盐

◎ 做法

一 将鲈鱼断尾去鳃及内脏，清洗干净后，取鱼腹肉，剔下鱼骨。

二 将鱼腹部分片成薄片并修成牡丹花瓣状。

三 红曲粉中加少量水、适量食盐调和。

四 将红曲粉浆、姜片与鱼片抓拌均匀，密封腌制3日。

五 取腌制好的鱼片，摆成牡丹花状。

六 待水上汽后，鱼片入锅，以大火蒸制8分钟，再关火焖2分钟，端出即可。

制作参考：宋·陶谷《清异录》

吴越有一种玲珑牡丹鲊，以鱼叶斗成牡丹状。既熟，出盎中，微红，如初开牡丹。

松黄①饼

花界之物不可带回人间，那船夫把船靠在码头，赶紧出舱到甲板站定，仔细目送着众人离开。生怕花灵附在哪根花蕊里就跟着人去了。

丈夫指着通往马路的一片野地，坚信这里不属于花界管辖，希望我能有所行动。这自是因为我应许这次从花朝节采集新鲜的食材，给他做花馔下酒。

野地里倒是零零散散有一些湛蓝的斑种草和一年蓬，还有正盛的蛇床、狗肝菜，虽生机勃勃，但都不太适合做点心。

正担心不能尽兴而归时，抬头看到两棵松树在野地的尽头，隐约能见那松枝已含着嫩黄。

这不就有了吗，驼峰、熊掌都比不过，以松黄饼佐酒，有超俗之意，需搭配《归去来兮辞》②一起品味。

---

① 松黄：就是马尾松的松花；可以用来做食物，可以用来泡酒。苏轼便在诗中写"崎岖拾松黄，欲救齿发弊"。大致意思是说，松黄对缓解牙齿松动和脱发问题有益处。

② 《归去来兮辞》：晋·陶渊明的诗。林洪在《山家清供》中提到，有一天他去拜访陈介，陈介留他饮酒。两个童子走出来，吟诵陶渊明的《归去来兮辞》，并端上松黄饼佐酒。他突然产生了归隐山林的念头，觉得这样的生活也很好。陶渊明安贫乐道的精神，对后世影响颇为深远。

◎ 食材

松花50g
蜂蜜300mL

◎
做法

一　将松花倒入锅中，以小火炒至香熟。

二　取蜂蜜置砂锅内，小火煮沸，捞去浮沫及杂质，保持小火不停搅拌，

以蜂蜜滴入水中不晕散为佳。

三　将松花与炼制好的蜂蜜混合，压入模具中摆盘食用。

制作参考：宋·林洪《山家清供》

春末，采松花黄和炼熟蜜，匀作如古龙涎饼状，不惟香味清甘，亦能壮颜益志，延永纪筭。

百花香茶

"天台乳花世不见，玉川风腋今安有"

清明之后的这个月，若要送礼，杭州的龙井茶是首选。若要求得真正的龙井茶，在杭州七拐八拐总能找得到"龙井村里的人"，对暗号一般地交流几句：是明前的吧？狮峰山能有吗？实话讲千金难买！那梅家坞的龙井43呢？你出这价钱只能去沿路的农家碰碰运气……龙井的真假、等级难辨，继而衍生出了一门"龙井学"。我学不明白，今年索性不求那"三咽不忍漱"的清香了。安吉的友人前日赠予一罐白茶，瀹饮一杯，味虽不及龙井悠远清香，但醇韵却不输半点，回甘生津，余香绕齿。往年惯用绿茶点茶，承宋风"追求轻

饮，不加作料"，这次想用上这赵佶也难求一团的白茶，再加一点口味——百花香茶①也是民间茶肆尝新奇的饮法。花朝节里寻来的几朵橘子花，正好派上用场。一场雨下来，茉莉花、栀子花也已开了头花，摘下稚嫩的几朵放入篮子。最难寻的是随秋雨而生的桂花，好在古人也善用干花制饮，从药材店买了几两干桂花，香味不输鲜花。

虽说"百花香茶"，但点茶的步骤和手法可一点都不敢怠慢。一个步骤不稳，茶色不至青白，茶味不及甘滑，饽沫难如花似乳，都不可谓之上乘。

---

① 香茶：用各种香料窨制茶叶，再用作点茶原料，在宋代已有此做法。

◎ **食材**

白茶
橘花
茉莉花
栀子花
干桂花

◎ **做法**

一　窨茶。将花用透气性较好的宣纸包扎，放置于白茶盒中进行窨制，使花带有香气。

二　炙茶。隔一宿，取出花包，然后将白茶隔火烘干。

三　碾茶。炙茶后迅速趁热碾茶，以保茶色，不能碾太久（碾必力而速，不欲久，恐器之害色）。

四　磨茶。使用石磨，将碾好的茶叶磨得更细。

五　罗茶。罗茶比碾茶更需耐心。罗茶的目的是筛选出足够细的茶粉，"罗细则茶浮，粗则水浮"。得用四川鹅溪绢那么细密的茶罗底来筛才行，但鹅溪画绢密度小的孔很容易被粗粉堵塞，粗在下细在上，细茶粉下不来实在可惜。没有更好的办法，唯有端正姿势，轻而平，不厌数，罗一次，再罗一次。到此时，出罗的茶粉已尽显茶色。

六　侯汤。"侯汤最难"，蔡襄和皇帝都这么说，蟹眼法[1]好用但"沉瓶煮之不可辩"。然侯汤又极为重要，"未熟则沫浮，过熟则茶沉"。我非日日饮茶之人，鱼目蟹眼之法不得要领，怕坏了茶神，便让煮茶壶直接告知我温度。

---

① 蟹眼法：指侯汤的时候观察水温的方法，即水微微沸腾冒出像螃蟹眼睛大小的泡泡时，水温最适合。"未熟则沫浮，过熟则茶沉。"

七　熁盏、开筅。"凡欲点茶，须先熁盏令热，冷则茶不浮。"往茶具里盛入半盏沸水，转动盏身与茶筅，直至盏外壁也有温热。

八　调膏。舀入一茶匙茶粉，注入极少量热水，转动茶筅使茶粉成无颗粒膏状。

九　加汤。

第一汤：沿盏壁周回一圈注入热水，茶筅以"一"字形在盏中央快速叩击20～30下，至茶沫初成。

第二汤：再次周回一圈注入比第一汤稍多的热水，茶筅依旧以"一"字形在盏中央快速叩击20～30下，此时茶沫更细、更厚，颜色更淡。

第三汤：周回一圈注入热水至1/3盏处，此时茶筅可提高一些，不必

触底，以"一"字形平移在盏面快速击打50～60下，此时茶沫接近白色。

第四汤：周回一圈注入少量热水，提高茶筅，主要在茶沫表面击拂，此时茶筅随茶面提高，动作可稍缓，茶沫变细，基本无大颗粒，至此点茶能否成功，约九成可定。

第五汤：点注少量热水，根据茶汤情况，在表面击拂，此时表面呈雪乳状，则佳。

第六汤：点注少量热水，在表面稍加击拂，至茶乳点点泛起。

第七汤：点注热水至茶盏九分处，缓慢稍加击拂，茶乳溢盏而起，凝结不动。

点茶最需技艺，力道、频次控制精妙，得乳白汤花不挂盏壁。论其中奥妙，唯手熟耳。

我的点茶技法逐字追随七汤点茶法[1]，7次注水击拂，每次要领不同，汤色茶沫也尽显不同姿态。

这七汤点茶法是早年我对宋食感兴趣的原因之一，宋徽宗用了几近灿烂的文字去描写这点茶的过程：在调茶膏的时候就已经"灿然而生""疏星皎月"，而后"珠玑"渐落，点汤后生出"云雾"，然后结"浚霭""凝雪"，最后盏中出现"乳雾"，手中那三寸茶盏里竟能生出日月星辰、白雪阳春。宋人对雅致之美的追求虽极致，却总源于身边可摸可感之物，生动亲切；虽是生活日常，却蕴集着士大夫对天地万物的体悟。

更重要的是，这千年而来，人的五感变化最少，食材之本味变化最少，若按古人之法制美味，不正能品最真切的古人之意吗？

制作参考：宋·陈元靓《事林广记》

脑麝香茶：脑子随多少用，薄藤纸裹置茶合上，密盖定。点供，自然带脑香，其脑又可移别用，取麝香壳，安罐底自然香透尤妙。

百花香茶：木犀[2]、茉莉、橘花、素馨等花，又依前法熏之。

---

① 点茶法：由煎茶法衍生而来，更加讲究，逐渐形成了包括将团饼炙、碾、罗，以及侯汤、点茶等一整套规范的程序。点茶法尤其注重"点茶"过程中的视觉感受，发展到北宋末年，点茶成为上至皇亲贵胄，下至升斗小民共同追求的一种感官愉悦，将形而下的感官享受提升为形而上的探索，在精神领域追求美感的升华，中国茶道在此时更进一步，进而影响了日本茶道的诞生与发展。但点茶法又存在剑走偏锋的审美发展路线，元代尚且流行，但于明洪武年间被禁止，逐渐没落失传。"七汤点"茶法，按照宋徽宗赵佶所作《大观点茶》进行。

② 木犀：木犀即木樨，也就是桂花，名贵香料。

伍 四月

"迤逦时光昼永，气序清和。
榴花院落，时闻求友之莺。
细柳亭轩，乍见引雏之燕。"

《盥手观花图》佚名 宋

青精饭

"一钵青精便有余，世间万事总成疏"

前几日和小弟通话，得知母亲准备去老家的一座古寺，参加那里的祈福仪式。

古寺路途遥远，母亲准备去住一晚，把照顾父亲的工作交给小弟。

母亲往常也只在年关时做一些祈福活动。今年她早早安排好手中的活准备远行，仿佛家人健康平安的重任落在她一人身上，无论如何也要向佛祖好好求个福气。

小弟匆匆讲了几句便照顾父亲去了，他已是可以照料好两老的年纪，我本不用担心，但心中仍是幽愁。

转而和肚子里的孩子聊起此事：何为孝道，何为福气，何以长久，何求永生。嘴里唠叨着，手里也不愿闲着，把前些日子去街市要来的南烛叶[1]染了饭吃。

南烛叶四季常青，但如今的杭州要等立夏才吃乌米饭，因此等到这个月才上市。浙东、闽南、广西也吃乌米饭，寒食上巳浴佛节[2]，时节不尽相同，食物却有不同之处。

乌米饭得以传承至今，不过是古人坚信它能养生。在这悠长的岁月里，任时日改变，每一个可以许愿的日子，人们求的，以平安健康为首，从未改变。

奈何南烛叶味淡，不符合我此刻的口味，只得抓些虾米、鸡蛋、当季水竹笋炒乌米饭，色彩搭配上清新诱人，味蕾层次上又兼顾了大海与山野的鲜味，非常好吃。

吃完，肚中孩子似乎非常喜欢，欢脱地蹦跶着，还打了个嗝儿。

"青精饭[3]，首以此重谷也。"

米饭这么重要，你又那么喜欢，不如为你取名"饭饭"吧。

---

① 南烛叶：可以将饭染乌的植物太多，南烛叶到底是不是后人所指认的乌饭叶，乌饭草和乌饭树、杨桐、乌桕叶又是否为同一植物，虽有古籍记载，但碍于图文记录条件有限和各地方言不同，至今仍无法确定。而今各地凡能制作"乌饭"的，就是"乌饭叶"。

② 浴佛节：即"佛生日""佛诞日"。

③ 青精饭：青精饭源于道教。宋代开始佛家也将青精饭作为斋食。

◎ **食材**

南烛叶500g

糯米

砂糖适量

注意：500g南烛叶可泡1500g糯米，如一次用不完，新鲜的南烛叶汁可密封在冰箱里存放一周。

◎ 做法

一　去掉南烛叶的小枝条，只留树叶部分。

二　洗净叶子，加入少量水，将叶子捣烂，滤出汁水待用。

三　将汁水倒入洗好的糯米中，继续加水，直至没过糯米，搅匀，让每一粒糯米都能吸饱汁水。

四　浸泡一晚，使糯米均匀染成青黑色。

五　烧一锅水，水上汽后转中火，将浸泡好的糯米蒸30分钟。

六　蒸好的糯米，可直接就菜吃，也可以拌糖吃或做乌饭粽。

制作参考：宋·林洪《山家清供》

青精饭，首以此，重谷也。按《本草》："南烛木，今名黑饭草，又名旱莲草。"即青精也。采枝叶，捣汁，浸上白好粳米，不拘多少，候一二时，蒸饭。曝干，坚而碧色，收贮，如用时，先用滚水量以米数，煮一滚即成饭矣。用水不可多，亦不可少。久服益颜延年。

樱桃煎

佛诞日后的杭州，开始有了浅浅夏意。我隔天就会去街市寻觅一番，本不该如此费劲，那红色的小朱玉们在蔬果摊里一眼就能看见，只是奇怪，樱桃应季，怎么没有人卖了。

后随友人去龙坞探访，这才在茶山下遇上了卖樱桃的农妇。两个扁担里盛着晶莹的果子，一个担里放成串儿的，另一个担里一粒粒果子堆成了小丘。

农妇闲聊道："再卖两天今年樱桃就过季了，家里3棵樱桃树，都卖给到龙坞旅行的人。"

有了洋樱桃，四季都能吃到，世人便不像从前，错过也不觉得惋惜了。

古人却很珍惜，他们想办法留住了这"百果第一枝"的美味。

◎ **食材**

国产樱桃1500g
青梅5颗
水400mL
砂糖适量

◎ **做法**

一　将樱桃去蒂，洗净。

二　水开后，放入青梅，小火煮3分钟，至青梅果香四溢，果皮绽开，即可捞出。

三　将樱桃倒入青梅水中，小火熬煮，不停搅拌，至果核脱离，将果核夹出。

四　继续以小火搅拌熬煮至黏稠状态，待果酱晾凉，将其舀入模具中定型。

五　临吃撒把糖，即成樱桃煎。

含桃丹更圜，轻质触必碎。

外看千粒珠，中藏半泓水。

何人弄好手？万颗捣虚脆。

印成花钿薄，染作冰澌紫。

北果非不多，此味良独美。

　　　　杨万里《樱桃煎》

制作参考：宋·林洪《山家清供》

杨诚斋诗云："何人弄好手？万颗捣尘脆。印成花钿薄，染作冰澌紫。北果非不多，此味良独美。"（指樱桃煎）要之，其法不过煮以梅水，去核，捣印为饼，而加以白糖耳。

蜜浮酥奈花

小满第二天杭州开始下雨，持续了一个星期，低楼的墙体竟溢出水珠来。孕妇易燥热，身上又黏糊不已，我整日坐立不安，只好早早开了冷气，不出房门，隔着竹窗听雨。

倒是因而偷得两日清闲，能琢磨出一道精致的点心。宋人的菜道道别致，可称得上"最精致"的，恐是上得了皇室宴会餐桌的才算。

蜜浮酥奈花，御宴第六盏下酒菜，只为它配了一道假鼋鱼。酥油[1]凝成茉莉花的恬静，置于琥珀色蜂蜜之上，侍女上菜时花随杯盏轻摇，让人想起寺前长明的佛灯。

小满时已是初夏，茉莉花相继开放，成一道"酥奈花"是再适合不过了。品这道点心时最好先用勺子挖下一片花瓣，这样不破坏美感，蜂蜜已浸于花瓣底部，不用特意多取。酥油圆润绵密，先蜂蜜化于口中，蜂蜜甜腻却柔顺，为酥油化作的油脂香添了甘甜，一并送往唇齿间，余味绕喉。

古籍未记载此菜的详细做法，不知奈花之名是否意味着形味皆有。不过我自小喜爱茉莉花的清香，便让酥油吸足茉莉花香，再制作花型。

---

① 酥油：酥油颜色与产奶的动物品种有关，如今奶牛所产的奶多为黄色（黄油），水牛奶多为白色。古时中国产奶的牛多为本地水牛，故白色酥油更接近茉莉花的纯白，遂有了这道菜。然今水牛酥油实在难寻，只能用黄酥油代替，略有遗憾。

食宋记

◎ 食材

酥油200g

茉莉花

蜂蜜适量

器具（可用茉莉花样的模具

辅助定型）

◎ 做法

一　将酥油放在盘中，隔水加热至液态。

二　将酥油放入冰箱冷藏至凝固状态，将清洗后的茉莉花倒扣在酥油上，静置一晚。

三　去掉茉莉花，刨用最上层的酥油，将酥油再次加热至液态，然后倒入茉莉花样的模具中冷凝定型。

四　将酥油茉莉花从模型中取出，置于蜂蜜水上。

制作参考：宋　吴自牧《梦粱录》

第六盏再坐斟御酒[1]，笙起慢曲子。宰臣酒，龙笛起慢曲子。百官酒，舞三台。蹴球人争胜负。且谓："乐送流星度彩门，乐西胜负各分番。胜赐银碗并彩缎，负击麻鞭又抹枪。"下酒供假鼋鱼、蜜浮酥捺花[2]。

① 御酒：御宴会一共会喝9盏御酒，每盏御酒喝毕，都有文娱表演供观赏。宋徽宗国宴菜单记载，下酒菜从第3盏御酒开始上，到第9盏共6批次，蜜浮酥奈花便是喝第6盏御酒时上的下酒菜。

② 捺花：奈花，即茉莉花。

陆

五月

"轻汗微微透碧纨，
明朝端午浴芳兰。
流香涨腻满晴川。"

《村医图》 李唐 宋

端午节①

母亲从家乡寄来一箱艾草和菖蒲②，她不确定城里有没有卖这些东西。

她寄得尤其多。我的预产期将近，她可能怕少了没法彻底驱邪除恶。

正午时用艾草菖蒲水泡澡是端午当天一定要做的事。记得有一年我和妹妹跑去山上玩没在正午赶回家，于是那一年我俩只要有病痛全都怪罪于"恶月除恶"不彻底，疫气易侵。

在杭州卖艾草、菖蒲的小贩可是生意兴隆，早上9点不到就收摊了。

于门梁上挂好艾草、菖蒲，余下的一半用来给丈夫泡脚，一半用来做食物。街市上卖紫苏的农人念我是熟客，又赠我几朵自家种的栀子花。

我心里盘算着多做一些粽子和几盘食馔，粽子给老家送一点，点心熟水给饭饭接风。

---

① 端午节：宋以前都称"端午"，宋又称此节为"端五"，强调初五、五行时令的重要性，并首次根据阴阳五行说，称端午节为"天中节"。

② 艾叶和菖蒲：均为了驱邪祈福。五月俗称恶月，多禁。五月天气渐热，瘟疫易起，植物葱绿，百虫四处活动，人们在五月往往会遇到许多生活上的灾难，于是就想办法驱邪避灾。

"五月五日午时取井水沐浴，一年疫气不侵，俗采艾柳桃蒲揉水以浴。"

"五月五日谓之浴兰节，四民并蹋百草之戏，采艾以为人，悬门户上以禳毒气，以菖蒲或镂或屑以泛酒。"

禳灾驱邪，成为人们尤其是生活在南方气候湿热地区人们的愿望。

艾香粽子①

"绿杨带雨垂垂重，五色新丝缠角粽"

粽子一开始是白味的，叫白粽。随着朝代更迭，人们往里放不同的东西，到了宋代，白粽、咸粽、甜粽都有了。但诗人们却独独对甜粽情有独钟。红枣板栗入粽是宴请喝酒必备的好味（"设酒炙，果粽菹者等味，不异世中"），尝过蜜饯粽子也要马上记下来（"时于粽里见杨梅"）。

江南人通常吃嘉兴的肉粽，这肉粽普遍做得大，吃一个能饱腹大半天，两人分食一个又不太够。这次比着我自己的食量包了粽子，大小刚好，满足食欲后，还能再饮一碗熟水。

---

① 粽子：最早是祭祀用，但在南北朝时期，夏至节日兴起，人们开始对原先用于祭祀的角黍加以改造，用菰叶代替原先有毒的楝叶，使之逐渐成为夏至时节特有的食物。后端午节兴起，人们将夏至之食融入其中，再后来加入纪念屈原的文化内涵。宋代对粽子的创新大概在于喜欢的果子都往里加，什么形状都能做。

◎ 食材

箬叶　艾叶　红豆　银杏果　柿干　板栗　红枣　糯米

◎ 做法

一　将糯米洗净，浸泡一晚后，将洗净的艾叶与泡好的糯米混匀备用。

二　红豆亦提前浸泡一晚；银杏果以小火炒至皮开始爆开，趁热去掉壳膜；板栗剥掉壳膜；红枣剪开去核；柿干剪成小粒备用。

三　将箬叶卷成圆锥形，往其中装入糯米、艾叶、红豆、银杏果、板栗等材料，边装边用筷子捅，使材料包裹得更紧实。而后将上部的箬叶向下折，直至完全封口，最后用麻绳将粽子捆绑结实。

四　往锅中放入粽子，加水至没过粽子，大火烧开后转小火，继续炖煮一小时即可。

制作参考：宋·浦江吴氏《中馈录》

粽子法：用糯米淘净，夹枣、栗、柿干、银杏、赤豆，以茭叶或箬叶裹之。一法：以艾叶浸米里，谓之艾香粽子。

端木煎

"寻常无花供养，却不相笑，惟重午不可无花供养。"当季正盛的蜀葵花、石榴花、栀子花，都进了卖花人的车，从初一开始，一早以能卖一万贯钱不啻。

重要的日子，供花之余，自然要餐花。栀子花味馥郁，插于瓶中，香溢满屋，做成花馔也难掩香气；花瓣不软，和甘草面油煎，花朵开得更盛。味与形皆存，"于身色有用，与道气相和"。

◎ **食材**

栀子花
甘草片若干
面粉一勺
食盐

◎
做法

一　将栀子花洗净，在50℃左右的热水中烫去涩味（水温过高则花色变）。

二　以开水冲泡甘草片，至水色变黄，甘草味出，即可将甘草片夹出。

三　待甘草水晾凉，倒入面粉，搅成稀面糊状，加入适量食盐调味，将栀子花投入其中，均匀裹上面糊。

四　热锅热油，待油温达到约200℃时，转中火，将栀子花夹入油锅中，煎至双面金黄。

制作参考：宋·林洪《山家清供》

旧访刘漫塘宰，留午酌，出此供，清芳，极可爱。询之，乃栀子花也。采大者，以汤灼过，少干，用甘草水和稀面，拖油煎之，名"薝卜煎"。杜诗云："于身色有用，与道气相和。"今既制之，清和之风备矣。

百草头

端午的主题多为送瘟，从节日食律和仪式可见一斑。但严肃驱邪除恶之时，仍不忘摘下新出的果子放进食材篮子，杏子、梅子、李子和菖蒲、紫苏一起暴晒于阳光下，道尽了这仲夏节日的原味。

之所以称为百草头，可能是为了与端午"踏百草沾露水"的活动相呼应吧。

◎ **做法**

一 将菖蒲、生姜、杏子、梅子、李子、紫苏叶洗净切丝。

二 将所有材料加食盐腌制片刻。

三 放在太阳下晒干即可食用。

制作参考：宋·陈元靓《岁时广记》

干草头-岁时杂记：都人以菖蒲、生姜、杏、梅、李、紫苏，皆切细丝，入盐，爆干，谓之百草头。

紫苏熟水①

在所有的熟水里面，宋仁宗最爱味辛性温的紫苏熟水。想是与沉香、麦门冬等略带药味的材料相比，紫苏煎后泡水味道清新怡人，却仍不失行气养生、缓胸中滞气之效。

如今，人们常把紫苏当菜吃，烤鱼、炒花蛤时不忘加上一点紫苏提味，十分寻常。但一说到它有理气暖胃的作用，反倒让人以为它是"药"，敬而远之。人们对草药食疗的误解不可谓不深。

○ **食材**

紫苏叶

---

① 熟水：宋元时期非常流行的一种保健饮品，用特定的植物或果实为原料煎煮而成，有点类似药草茶。

◎
做
法

一 将紫苏叶洗净后晾干。

二 锅烧热，保持小火，锅中铺上可烘焙纸，将紫苏叶平摊于纸上，不用翻面，待其自然蜷缩，叶子焦干，香气溢出即可。

三 以开水冲泡紫苏叶，第一泡倾倒不用，第二泡留饮。

制作参考：宋·陈元靓《事林广记》

紫苏叶不计，须用纸隔焙，不得番。候香，先泡一次，急倾了，再泡留之食用。大能分气，只宜热用，冷即伤人。

柒

六月

"去岁冲炎横大江，今年度暑卧筠阳。"

《四景山水图》（局部）刘松年 宋

冰酥酪

"倏忽温风至，因循小暑来。竹喧先觉雨，山暗已闻雷"

饭饭顺利地来到这个世界了。

昨夜起床喂奶后没了睡意，辗转反侧最后只落得一身大汗淋漓，换件衣服的工夫又感觉饥饿，热了一碗红豆粥胡乱喝了两口算是打发了自己，肚子空着但嘴里没味儿，怏怏地坐回床上发呆，心里直想着，这炎夏无眠的夜晚，有一碗冰激凌在手上该多好啊！

冰激凌自是不能吃了，我倒是没什么忌口，只是怕旁人唠叨。但心里却有了打算：既能解馋的凉凉的绵密，又适合产妇的餐食，还真有一道，用牛奶酒酿[1]而制。杨万里也细致描绘了这点心入口时的美妙："似腻还成爽，才凝又欲飘。玉来盘底碎，雪到口边销。"

反正也睡不着了，索性在天亮之前做出一

---

①、酒酿：南方很多地方有产后喝酒酿的习惯，我老家也有这个传统。但现代医学会告知慎喝，因为酒酿或多或少含有酒精。

道冰酥酪^①犒劳一下最近吃得太过清淡的舌头吧。
对了，上月做的樱桃煎还存得好好的，加一勺到"才
凝又欲飘"的酥酪上，当真是"紫蒂红芳点缀匀"。
不冷藏直接食用时，酥酪的口感像微酸微甜的双
皮奶；冷藏后酥酪的质地更加稠密，更接近如今
的冰激凌。虽不能吃太多冷饮，但生津又营养的
酥酪是可以来一小碗的。

① 酥酪：本书中酥酪的做法完全由《咏酥》一诗的描
述想象，奶酪制品早在唐朝已风靡，因此借鉴宫廷
奶酪的做法成此冰酥酪。根据某些史料中"酪"既
不是米酒也不是奶酪的说法，实在无法制成杨万
里诗中的酥酪，因此我未参考。

◎ **食材**

牛奶300mL
酒酿汁60mL
冰糖5g

◎ 做法

一　将牛奶倒入锅中，开小火，不停搅拌约10分钟，放凉后，舀起表面的奶皮。

二　取新鲜未灭活的酒酿过滤，保留60mL纯酒酿汁备用。

三　将酒酿汁冲入牛奶中，搅拌均匀，静置发酵20分钟即成酥酪，放入冰箱冷藏保存。

四　表面加入坚果、蜜煎或樱桃煎一类的糕点果酱，风味更佳。

制作参考：宋·杨万里《咏酥》

似腻还成爽，才凝又欲飘。玉来盘底碎，雪到口边销。

老北京宫廷奶酪，利用酒酿（醪糟）或米酒中的根霉菌产生酸凝乳。

麻腐鸡皮①

"半夜而合，鸡鸣而散"

"只剩下不到一炷香的时间了"，身边的路人一边嘟囔一边匆匆走过。我一听顿时心急了，我还有很重要的东西没找到。我原地转了几圈，东南西北也辨不明白，站在黑暗中的街头无所适从。

街角的小贩好像刚做完一笔买卖，我定了定神向他走去，准备问路，越走近他嘈杂的声音越大，虽嘈杂却非常低沉，像原本的人声鼎沸被这黑暗压制了一般，使不出劲来。一过街头朝西望去，心里才有了底，要找的地方到了。

街道两旁的小贩挨个搭着铺子，从掌灯最多的那家酒家排开来，小贩自己也带了灯，微弱的光只能照个轮廓，凑近了才知道是在卖什么。

行人不算太多，但他们的篮子里都满满当当，吃的、用的，还顺带给孩子捎个玩具。那个带火现烧的烧饼摊生意最好，饼香勾着人来，摊主一边拂掉额头的汗珠，一边摆摆手说"最后一个了"，众人抬头看了一眼，此时天光渐显，好像一条大鱼即将翻出肚皮。

我突然渴得难受，再一看，路人手里一瞬间皆生出了蒲扇，烧饼摊旁多了一位卖冰雪凉水的大娘。但大娘不卖给我，她指着我的手说："孩子太小，你不能喝。"我低头一看，怀里竟然多了饭饭。

"黄白玉也消暑。"大娘揭开另一个篮子，里面放着几块黄白相间的食物，白似玉，黄似杏，像糕点却又极富弹性。我用手一碰这食物，好凉，好像一直放在冰里。我直咽口水，准备伸手去取。这时旁边正洗脸的大叔大喊一声："来了！"

一缕光从东方照进市集，我被晃得一时睁不开眼睛，等再回头看，这地方哪还有什么黄白玉大娘。先前繁华的"鬼市②"此时也在天光之下现出了本貌，空荡荡的街道寂然无声，没有拿着蒲扇的赶集人，没有小摊商贩，没有烧饼肉香，摊位甚至没留下秽污。若不是一阵风吹动了那酒家的灯笼，这世界仿佛从未出现过。

怀里的孩子突然哭了，我惊醒，看到满头大汗的饭饭躺在身旁睁着眼睛看着我。

在三伏天里坐月子，果然容易又饿又渴啊。

冰酥酪还存有一些在冰箱，太凉，不适合多吃。生完饭饭后我总是大汗淋漓，更不喜甜。那黄白玉似的凉菜作为解暑"点心"，确实让人垂涎。

---

① 麻腐鸡皮：《东京梦华录》中"州桥夜市"一节将麻腐鸡皮放在夏月时令食物的第一位讲，后面跟着各种颇负盛名的冰雪、渴水、果子等。其中缘由已无从知晓，但应与它爽口又性温的特质不无关系。

② 鬼市：宋代商业发达，"市"无处不在，也没有了宵禁，三更五更都有商铺营业。到了夏天，南方天气热，不适合在户外活动，如果要赶集，人们就选择比较凉快的清晨，大约在黎明前一两个小时开始，到天大亮气温升高时，大家就散了。黑暗中人影憧憧，到天亮时又不见了，真像是群鬼赶集一般。这种市集就是鬼市。梦中场景虽是夜间集市却临近天亮，更像宋代特有的鬼市，颇有意思，因而记录下来。

◎ **食材**

芝麻50g

绿豆淀粉50g

水100mL

鸡皮

香葱

食盐

◎
做法

一　芝麻洗净后，倒入锅中以小火不停翻炒，至香味四溢。

二　芝麻炒香晾凉后，磨浆滤汁，留汁待用。

三　在芝麻浆中倒入绿豆淀粉，搅匀，加适量食盐调味。

四　将水烧开，倒入搅拌好的芝麻绿豆糊，快速搅动。

五　趁热将芝麻绿豆糊舀至碗中，冷凝定型成麻腐。

六　将锅中水烧开，放入葱段、鸡皮，以中火将鸡皮煮熟。

七　将煮好的鸡皮、已定型的麻腐切成同等大小的长条。

八　将麻腐、鸡皮混合摆盘，撒上芝麻、葱花。

习俗参考：宋·孟元老《东京梦华录》

州桥夜市：夏月，麻腐鸡皮、麻饮细粉、素签、沙糖冰雪冷元子、水晶皂儿、生淹水木瓜……

制作参考：明·李时珍《本草纲目》

近人以脂麻擂烂去滓，入绿豆粉作腐食。其性平润，最益老人。

碧筒酒①

"碧筒时作象鼻弯，白酒微带荷心苦"

出月子的日子赶上大暑。本想着无论如何得沾沾地气了，可脚踏出房门半步就缩了回来，足不出户大半个月我竟忘了杭州夏天的霸道。听友人讲，今年热到蚊虫不生，纱门不关也能安睡整晚。

可这个月我着实憋坏了。趁夜里凉一些，我给孩子喂足了奶，把他交给他爸爸看着，一个人溜出了门。

离住处不远的公园里有一洼小小的荷花池塘，造景的时候在莲蓬间放了几盏荷花灯，灯上正好坐着两朵盛开的荷

---

① 碧筒酒: 源自苏东坡《泛舟城南会者五人分韵赋诗得人皆苦炎字四首》第三首中的"碧筒时作象鼻弯，白酒微带荷心苦"。诗里说在船上吃螃蟹、鲈鱼便宜得大家钱都不数，一边吃一边喝碧筒酒。碧筒酒也叫荷叶酒，荷叶酒始于魏晋，盛于唐宋，最先因文人雅士的雅好兴起，后才传到民间。喝这酒时，用荷叶柄当作吸管，因这根纯天然的吸管是碧绿色的，故得名"碧筒酒"。

花，光把花瓣照成了透明的粉色，影子在荷叶上摇曳。

呼……我长呼了口气，从没日没夜地哺乳、换洗中缓过神来，仿佛这才呼吸了一口空气。

回家就向丈夫提议一定要去富阳的山沟里乘凉，像往年一样，一盅碧筒酒①、一个清泉浮瓜，在溪旁树荫下坐上一天。

丈夫见我手持带露的荷叶站在门口，眉头总算是舒展开，赶紧应声说好。

于是，满月的饭饭来到了蛙鸣蝉噪、流水潺潺的山涧，第一次闻到夏风带着百草繁花的味道。

◎ **食材**

荷叶　白酒

◎ **做法**

一　在荷叶叶片与茎的连接处以粗针或　　二　将荷叶架起，茎尾部放入容器内，
　剪刀从荷叶顶部钻孔。　　　　　　　　　方便接酒。从荷叶顶部倒入酒，静
　　　　　　　　　　　　　　　　　　　　待其沿茎部顺流至酒器中。

制作参考：宋·林洪《山家清供》

暑月，命客棹舟莲荡中，先以酒入荷叶束之，又包鱼鲊它叶内。俟舟回，风薰日炽，
酒香鱼熟，各取酒及酢。真佳适也。坡云："碧筒时作象鼻弯，白酒微带荷心苦。"
坡守杭时，想屡作此供用。

浮瓜沉李①

○ 食材

西瓜
李子

◎ 做法

一　将西瓜和李子放在井水或溪水中浸泡。

二　将西瓜切开，与李子摆盘于冰块上食用。

习俗参考：宋·孟元老《东京梦华录》

是月巷陌杂卖：都人最重三伏，盖六月中别无时节，往往风亭水榭，峻宇高楼，雪槛冰盘，浮瓜沉李，流杯曲沼，苞鲊新荷，远迩笙歌，通夕而罢。

---

① 浮瓜沉李：源自曹丕《与朝歌令吴质书》中的"浮甘瓜于清泉，沈朱李于寒水"。古人用这种方式吃冰镇瓜果消暑。

捌 七月

"半月骄阳四更雨，豳风夏校梦初回。"

《七夕乞巧图》（局部）佚名 宋

七夕节①

"牵牛织女，莫是离中。甚霎儿晴，霎儿雨，霎儿风"

家乡人在重要的节日会祈福拜神，除了春节、中秋、端午等大日子，我们乡镇还有一些自己的传统节日，一年下来，拜神的时候还不少。年幼时，我和弟弟妹妹大多数时候分不清拜的是哪位仙人、哪个佛祖，跪好，给功德箱放一点香火钱，就算是完成了活动。

七夕节，在我小时候大家还称它"乞巧节"，也是要特意过的。或许因为正值暑假，记忆里节日持续的时间特别长，小孩子也特别多。七月一到的那个赶场天，街市上各式各样新颖的玩具就摆了出来，那种仿佛故意没发酵成功的饼也随之出现。

乞巧节要拜的人我也记得清楚，叫"七姐"。拜的其他神仙的名字都在4个字以上，还都是男性，这位格外亲切的仙女自然让人念念不忘。

可七姐不在庙里，也不在观里。七月一到，人们会在镇上的亭子里腾出一块地摆贡案，并放上一个不超过两尺高的七姐像。这位梳着精致发型穿着艳丽衣服、略施粉黛的女性，浅笑着看着街上嬉戏的孩子们。

我问父亲："为什么我们要拜一个姐姐，她保佑我们什么？"

父亲说："她保佑所有女孩子。"

"为什么要单独保佑我们？"我又问。

"因为女孩子很好。"父亲答。

女孩子很好，好到有一个专门的神仙来庇护。女孩子很好，她们从古代开始就一直很厉害，使得人们用热闹的节日来为她们庆祝。

我就这么自豪地想着，作为女孩子活到了现在。

如今，我依然会赞叹那都城里"闲雅，抬粉面、云鬟相亚"的女性，每一位都鲜活可人，为沉闷的世界增添美好。

后来，七夕节被定为"中国情人节"。和父亲又聊起这事，那时父亲已经知道我有心仪对象了。

他说："七姐定会保佑你，无论你是学生、老板，还是你以后当了妻子、母亲。她保佑你，肯定也听得到你关于爱情的愿望。"

---

① 七夕节：七夕的习俗始于汉代，但"七夕节"之名首见于宋代。宋太祖亲征北汉激烈作战之际，还牢牢记着七夕节给其母亲、妻子等女性亲人过节的礼金。

宋代过七夕节可谓历代最盛，前代曝书升格成"晒书节"；乞巧市"七月初一日为始，车马嗔阗"，这是专为一个节日开辟的数个定期市场，持续7日。除了端午节，几乎没有哪个节日像七夕节这般专门拥有一场持续7日的商业盛会。祭祀物品之中，磨喝乐供牛郎织女，除了生个胖娃娃的愿望，还为男童乞文运。宋人过七夕节的主题仍是女性乞巧，但已完全从女性的节日全面升级为全民的狂欢。"人生何处不儿嬉，看乞巧、朱楼彩舫。"

石榴粉

"微雨过，小荷翻。榴花开欲然。"
仿佛前几日才在初夏烟雨里赏花，一转眼就得赞叹眼前的果实累累了。

七月，水中有肥藕，枝头挂石榴，妇人孩童穿着新衣过乞巧节，摘下唾手可得的红石榴，捡三五根胖娃娃手臂似的莲藕，做一两道精美至极的菜肴，喜滋滋得家人的赞美，祈幼子聪慧。

梅水同胭脂染色，宛若绯红石榴粒，玲珑剔透。如果美食能化为人形，这定是位温婉典雅的仕女。

说石榴粉最能表达好七夕节的风韵，我十分赞同。

○ **食材**

莲藕两节
杨梅干若干
胭脂粉一勺
绿豆淀粉一碗
母鸡一只
生姜

◎
做法

一　将莲藕洗净切成厚片，再沿着孔洞切成小块。

二　将莲藕块放入水中浸泡，防止氧化。用砂器将其磨成大小均匀、较石榴粒稍小的圆粒。

三　将杨梅干放入砂锅中，水烧开后，以小火煮约15分钟，至水的颜色变成深红。

四　将杨梅干捞出，待煮好的杨梅水晾凉，在其中加入胭脂粉，搅匀调色。

五　在调好色的杨梅水中倒入莲藕粒，浸泡一晚。

六　锅中放入母鸡、姜片，烧开后，以小火熬制鸡汤。

七　将莲藕粒沥干，倒入绿豆淀粉中，摇晃容器，使每一颗莲藕粒都均匀地裹上淀粉，并用筛子将多余淀粉筛掉。

八　将莲藕粒倒入提前吊好的鸡汤中，小火滚煮，至表面淀粉完全透明，呈石榴粒状，即可出锅食用。

制作参考：宋·林洪《山家清供》

藕截细块，砂器内擦稍圆，用梅水同胭脂染色，调绿豆粉拌之，入鸡汁煮，宛如石榴子状。

莲花鸭签①

临盆的时候西湖荷花还未盛，待杭州这天气转凉，我能带着小儿出门赏莲时，恐是"荷尽已无擎雨盖"。

我是真喜欢莲花，无论是孤山边的红莲映着宝塔，还是湿地里的白莲装点碧绿，都让我向往。夏天该是繁花盛开之时，怎么人们就独认这莲花能讲述夏日呢。

我每年都会顶着烈日去摘荷叶采莲蓬，莲叶粥、莲房鱼包没少做。和莲花相关的正菜都颇为繁复，一道做下来就费去好几个时辰，比如那莲房鱼包，费尽心思把鱼融进莲蓬里：将莲子不动声色地取出，又把鱼变成莲子"还"给莲蓬，来来去去好多次回合，最后还得使这莲蓬看不出来被动过手脚才算是成功，谓之遵循自然之美。

宋人雅致，品美食三分为味，七分为意。莲房鱼包一上桌，定会令众人拍手叫绝，这可不正是"鱼戏莲叶间"跃然桌上，主人的雅兴在里头，斗诗的题目也有了。

这饭桌上的雅致在士人间很受欢迎，在皇宫里更为极致。士人皆视莲花为洁物，这等好意象，还不尽显于餐桌上。御膳则更为讲究：一道菜的故事好听，引得皇帝有兴致尝一口，如恰好合胃口，不过多吃上几块，若要他惦记着或得他首肯入玉食批，还得这道菜能滋养身体，延年益寿。

鸭肉滋五脏之阴，清虚劳之热，补血行水，养胃生津，本就最适合炎炎夏日食用。司膳人想给这凫水的鸭子造个景儿，想来想去还是离不开那莲花池塘：鸭随虾鱼闯进了莲叶间，人也跟随着，竟得了"画船撑入花深处，香泛金卮"的好心情。索性就做个签，一菜应一景，一景应一季。

莲花鸭签就这么定下了，像一首诗一样被创作出来并留在了世界上。

---

① 签："签"指煎炸卷状食品。《东京梦华录》记载了很多签菜，"入炉细项莲花鸭签……羊头签、鹌鹑签、鸡签"。莲花鸭签颇为特别，因为它既出现在街头食肆，也出现在宋代皇宫一位司膳内人流出的宫廷菜单《玉食批》里。

◎ **食材**

带皮鸭腿一个

猪网油①一副

莲花一朵

夏笋一棵

鸡蛋一个

绿豆淀粉一小勺

面粉一小勺

生姜一块

食盐少许

---

① 猪网油：这道猪网油卷的做法如今在世界上很多有华人的地方均有保留，如新加坡、马来西亚等。相同的制法，也有用腐皮、煎蛋皮替代网油的。

一　鸭腿肉切成细末，莲花、夏笋、生姜切成细丁备用。

二　往以上馅料中加半个鸡蛋清、适量食盐，搅打上劲，腌制15分钟。

三　剩下半个鸡蛋清与一小勺绿豆淀粉混合，调成糊状，备用。

四　将猪网油洗净焯水，铺于砧板上，用刀背将筋膜拍断（防止油炸时鸭签变卷），将馅料紧实地摆成条状，放在猪网油一侧。

五　在猪网油四周抹上蛋清粉芡，将馅料紧包两圈。

六　将绿豆淀粉、面粉、水按1：1：3的比例调制成面糊，将卷好的鸭签均匀地蘸上面糊。

七　油温达200℃时保持中火，将鸭签炸至表面微黄时捞出，待油重新升温，大火复炸至表皮金黄。

八　将炸好的鸭签改刀，切成斜片状，摆盘。

宴席美食参考：宋·周密《武林旧事》

对食十盏二十分：莲花鸭签、苗川薑、三珍脍、南炒鳝、水母脍、鹌子羹、鲚鱼脍、三脆羹、洗手蟹、炸肚胘。

制作参考：元·忽思慧《饮膳正要》

鼓儿签子：羊肉五斤，切细，羊尾子一个，切细，鸡子十五个；生姜二钱，葱二两，陈皮二钱，去白；料物三钱。

右件，调和匀，入羊白肠内，煮熟，切作鼓样。用豆粉一斤，白面一斤，咱夫兰一钱，栀子三钱，取汁，同拌鼓儿签子，入小油炸。

鲫鱼肚儿汤

待产时友人反复告诫，月子期间不可大鱼大肉、大咸大辣，否则奶虽浓，全堵在身子里，痛不欲生。我赶紧备足了通乳良方[1]，通草、麦冬饮品。这些既是友人推荐的，也是唐宋时就好用的东西。

但我却没机会享受这良方，自生产那日起，两月完全没有堵奶。可能是我吃得着实清淡（最油腻的不过是那猪网油裹着的鸭签），不过更主要的原因是，我的乳汁不足。

"产妇有二种乳脉不行……虚当补之，盛当疏之。盛者，当用通草、漏芦、土瓜根辈，虚者当用……猪蹄、鲫鱼之属，概可见矣。"

再怎么看，也到了需要补一补的时候了。

丈夫听闻后笑道："饭饭姥姥可是念叨了整个月，让我给你搞点猪蹄鲫鱼汤补补，她见我陪你吃这寡淡的月子餐都吃瘦了，以为你在月子里修行……"

实在不想在这酷暑里喝猪蹄汤，遂起灶煮鲫鱼。

鲫鱼汤看似做法简单，但成品很是玄妙，熬10次有10种不同的味道。

鱼头、鱼尾煎至金黄加汤慢慢熬，熬至鱼汤白如牛乳，再放鱼腹。煎多一分，整个鱼汤就会飘着淡淡的焦味儿；煎少一分，鱼汤的腥味会在饮一口时的回甘时溢出。

要做到完美，唯手熟耳。

饮了一大碗鲫鱼汤后，我期待着今夜乳汁的降临。饭饭也乖乖等着，似乎想一尝鲫鱼汤的美味。

◎ **食材**

小鲫鱼3条
笋干
花椒一小撮
胡椒末一小撮
黄酒一勺
香葱
食盐
葱
花椒
胡椒
黄酒
干笋

---

① 通乳良方：宋代的妇科、儿科已经分化出来，对产妇和小儿护理也颇成体系。比如《圣济总录》根据产妇不同的身体特征和情况，提供了21首方剂，用以通乳下乳，几乎覆盖了所有情况。很多方剂搭配食疗流传至今，仍被认为非常有效。

◎ 做法

一　将小鲫鱼刮鳞去鳃洗净，分成鱼头、鱼腹、鱼尾3段。

二　用刀从鱼腹内部沿脊骨两边各划一刀，使鱼腹呈蝴蝶状。

三　用适量食盐、葱段、姜片、花椒、黄酒腌制鱼腹20分钟。

四　鱼头、鱼尾用油以小火煎至双面金黄。

五　锅中加水，水开后，以小火熬出浓白汤汁，汤中放适量食盐。

六　捞出鱼头、鱼尾。笋干泡洗干净，撕成笋丝。将笋丝、鱼腹放入鱼汤中烫熟。

七　拆除鱼腹中的鱼刺，将鱼腹肉重新放入汤中保温。

八　往汤中撒入适量胡椒末、葱花。

制作参考：元·倪瓒《云林堂饮食制度集》

鲫鱼肚儿羹：用生鲫鱼小者，破肚去肠。切腹腴两片子，以葱、椒、盐、酒渍之。腹后相连，如蝴蝶状。用头、背等肉熬汁，捞出肉。以腹腴用筲箕或笊篱盛之，入汁。肉焯过，候温，镊出骨，花椒或胡椒、酱、水调和，前汁捉清如水，入菜或笋同供。

捌 ◎ 七月

145

玖 八月

"蝉声未用催残日，最爱新凉满袖时。"

《红蓼水禽图》 徐崇矩 宋

木犀汤①

"绿玉枝头一粟黄，碧纱帐里梦魂香"

出伏之后，我起早贪黑地带着饭饭出门遛弯，"日落而作，日出而息"。生于炎夏又遇酷暑难当，这孩子鲜少出门，就连家门口的碧草蓝天、富春晚风也无福感受。好在出伏后气温回落，虽白日仍似阳炭烹大地，但炙热终是愿随夕阳西沉了。

这日晚饭后我带儿子去江边散步，竟偶有阵阵凉风拂面，身体也不似前两日那般疲惫，便多走了几步，到好几里外的临江小院才歇了脚。

坐在竹椅上正想着这蝉鸣确实稀疏了不少，一阵风便携着一缕香气悠悠地前来打扰。这香味虽只有细细一缕，却馥郁润泽，我再用力一闻，反而够不着那芳香了，只好四处打量，顺着小院白墙往上看——小小的黄蕊被簇拥着，这不是那"暗淡轻黄体性柔"的桂花又是什么呢。

这才意识到，昨日已是白露了。

这阵晚风把秋天吹到了跟前，如此的怡人香甜，自然是要留下。

前些日子腌了盐渍白梅来泡水喝，虽是生津解渴良品却酸涩不已。若是加上半开的新桂，以生蜜浸上几日，香馥入里，再取之冲泡，定是美妙不已。

那便是木犀汤了。

---

① 木犀汤：木犀即木樨，也就是桂花，名贵香料。汤在宋代是一种极为流行的饮料，其地位仅次于酒和茶。虽以汤命名，但它并非现代饮食中的汤，根据史书记载，汤的做法有"滚汤一泡""沸汤点服""点用"等，可知即用沸水冲泡而成，类似今日泡茶法，是由具有某种保健功效的药物配制的饮料。宋代城市里有专门的"汤店"。

◎ **食材**

白桂花一捧

咸白梅12颗

蜂蜜

一 采半开白桂花，去蒂，冲洗
后晾干。

二 用木棒将咸白梅逐颗捶扁。

三 取两颗咸白梅，一颗在
上，一颗在下，中间夹桂
花，便成一对花枝梅。

四 将夹好的花枝梅摆放在器皿
中，以蜂蜜腌制约一周。

五 夹出一对花枝梅，用开水
冲泡即成木犀汤。

制作参考：宋·陈元靓《事林广记》

木犀汤：候白木犀花半开者，拣成丛着蕊处折之，用白梅二个，搋碎，一个在上，一
个在下，花在中心，次第装在瓶中，用生蜜注灌之。如欲用，一盏取花枝梅，一个安
在盏中，当面冲点，而香酸馥鼻。梅用淡豉煮，一沸漉出，晾干，花蜜同浸。

醉蟹

中秋节一近，市场越发忙碌起来，时令瓜果接踵上市，鱼肥虾壮，新酒也酿好放在摊位最前面，可迟迟未见有湖蟹。

我好醉蟹，天气一转凉我就盼着，中秋节的饭桌上不可无这美味。

花雕浸母蟹，盐、醋、醴酒和味，盖腥却不掩蟹之清香，反衬得本味鲜甜。醉蟹的黄是极品，眼见着是橘黄的油膏，进到口里却是被淡淡酒香包裹的浓郁。

"有蟹无酒是大煞风景之事。"我想卖

蟹之人创醉蟹，除为了保存多余的螃蟹，另有新蟹配新酒才是人间美味之极致。

可是今年实在令人遗憾。一则今年气候异常，本该鳌蟹新出的初秋，螃蟹还不及幼儿手掌大小；二则小儿母乳未断，我不能饮酒。

丈夫听闻后以为我今年中秋节不做醉蟹了，惊得赶紧四处打听，从泰州友人处购得3两母蟹几只，解了他的馋。

◎ **食材**

大闸蟹
醪糟
醋
酒
酱油

一　将大闸蟹刷洗干净，翻肚放入容器中备用。

二　将醪糟、醋、酒、酱油按照1∶1∶1∶1的比例混合，倒入容器中，直至淹没大闸蟹。

三　放入冰箱，密封腌制3天即可食用。

制作参考：宋·浦江吴氏《中馈录》

醉蟹：糟、醋、酒、酱各一碗，蟹多，加盐一碟。又法：用酒七碗、醋三碗、盐二碗，醉蟹亦妙。

琉璃肺

有道名菜想做很久了，但因为步骤些许繁复，用时漫长，一直到如今出了月子，借中秋节家宴之由，才提起了精气神着于试试。

宋人一到重要时候就要吃羊，如节日、生辰、升迁、中举。虽说吃羊之风盛行，但他们也不乱吃，信奉吃下去的每个东西都有它的作用。"人若能知其食性，调而用之，则倍胜于药也。"食疗、养生，是讲究人成天都琢磨的事儿。

肾虚怕冷喝羊骨粥；"肝开窍于目"，羊肝治疗夜盲；羊肺对治疗上焦消渴病有好处……

古人研究万物是以"取象比类"之法，面对人的身体亦是如此。

我倒不尽信那"以形补形，以脏补脏"的说法，但我很乐意与天地万物的存在、生长方式产生关系。"风胜则动""提壶揭盖""增水行舟"，宇宙和地球本身蕴含的真理，又何尝不会在人身上体现呢。

丈夫对一些"传闻中"的食疗功效略有耳闻，赶紧说："别的就算了，做羊肺吧，其他地方我也没毛病。"

"琉璃肺"之名或来自它的颜色，"用水浸尽（羊肺）血水，使成玉色"，皇室官宦宴席之上供之，同白琉璃般珍贵高雅，灌羊肺因而得了"琉璃肺"的雅名。

何不能称之为玉肺？怕是因那"御爱玉灌肺"在先。

◎ **食材**

羊肺一具
杏仁200g
生姜200g
酥油200g
白蜜200g
薄荷两把
奶酪250g
黄酒一碗
熟油100g
食盐

◎ **做法**

一　将肺管扎套在水龙头口，往羊肺中不断小量灌水约3小时，直至血水消散，羊肺完全变白。

二　将杏仁炒香。

三　加水将杏仁研磨成泥浆状。

四　生姜去皮，研磨成姜泥备用。

五　将薄荷叶捣碎，加酥油、白蜜混合，继续捶捣成泥浆状。

六　往酥油中倒入奶酪、黄酒、熟油，混合均匀。

七　过滤取汁，料汁中加适量食盐调味。

食宋记

八　等待羊肺中的水分排出，将以上料
　　汁从肺管口灌入（可以用小漏斗辅
　　助），灌满后用绳索把肺管扎紧。

九　冷锅冷水，放入羊肺大火烧煮，水
　　开后，转小火继续煮30分钟。

十　待羊肺变凉，可捞出切片摆盘
　　食用。

制作参考：宋·陈元靓《事林广记》

用羖羊羔儿肺一具，依上洗濯血水，净熟杏仁四两，去皮研为泥，生姜四两，去皮取
汁，酥油四两，白蜜四两，薄荷嫩叶二握，研为泥取自然汁，真酪半斤，好酒一大
盏，熟油二两，已上一同和匀，生绢滤过，扭滤二三次，依常法灌至满足，上下用
朕，就莛割散极珍美。

糖霜饼①

"亦非崖蜜亦非饧，青女吹霜冻作冰"

天气渐凉，富春江的晚风也吹得越发早了，今天傍晚在从东吴公园回家的路上发现阳光已穿不透枝叶，便给饭饭盖上了我的薄衫。

丈夫回家的时候饭饭已经睡着，我正想着给自己做点吃的，他顺手从口袋里掏出了一颗果糖。

天气热的时候，甜腻的食物是一点也不想碰，等那没胃口的季节一过，最先回归的定是对甜味的渴望。

丈夫这颗庆祝下班的果糖实在让人愉悦，不怪古人要费尽一切心思学制糖、存糖，把糖的美妙放进几乎所有喜欢的食材里，放进诗句里，放进对亲人的爱里。

"子事父母，枣栗饴蜜以甘之。"

宋人幸运地能吃到糖霜，这可比崖蜜和饴饧甜多了，溶于水又好存储，能做出的食物花样儿也多了不少。可毕竟顶级的糖霜不易得，是王公贵族才有口福尝上一两口的精贵食物。于是，和糖霜有关的美食，比起街角小贩手里枣褐色的麦芽糖来说，必须精美许多才行。

糖霜饼便是糖霜"嫡出"的点心，用它来庆祝蔗糖②给我们带来的喜悦再合适不过了。

---

① 糖霜饼：《糖霜谱》是中国古代第一部详细介绍蔗制糖方法的书，由宋人王灼编著，而糖霜饼是《糖霜谱》中唯一一记载并写明做法的点心。

② 蔗糖：宋代甘蔗生产和提炼糖霜的技术有了很大的突破，给宋人社会饮食带来了新的风尚，但彼时产量和技术还不稳定，蔗糖仍不常见，甘蔗产区以外比如北方地区，也只有达官显贵才能吃到珍贵的蔗糖。

◎ **食材**

松子
核桃
冰糖

◎ **做法**

一　将冰糖磨成粉末。

二　将松子仁、核桃仁去壳炒香，再碾
　　成细腻的粉末状。

三　将松子粉、核桃粉与糖粉混合搅
　　匀，团成大小一致的饼团。

四　把饼团放入模具中定型，脱模。

制作参考：宋·王灼《糖霜谱》

糖霜饼：不以斤两，细研。劈松子或胡桃肉，研和匀如酥蜜，食模脱成。模方圆雕花
各随意，长不过寸。研糖霜必择颗块者，沙脚即胶粘，不堪用。

社饭

> "嘉禾九穗持上府，庙前女巫递歌舞。呜呜歌讴坎坎鼓，香烟成云神降语"

在我的记忆里，秋分是个重要的日子，这天有大块的肉吃。父亲从已经收割得差不多的稻田里回家，把烧好的猪肉平分给我们仨。

如果爷爷在家，他会一边用仅剩的几颗牙卖力地咬着肉，一边说："以前的秋分有做社，就在那废弃的村口礼堂里。"

虽然没有人告诉我们，我和弟弟妹妹隐约觉得这节日与丰收有关。

我们家的地很小，父亲一人打理，只种一季水稻，主要供自己家吃。父亲有自己的工作，但这地却没荒过，在外地不方便回来时也要雇个短工帮忙除草、排水。

后来年纪大了，他仍是亲力亲为，闲时也爱去地里坐着，看着苗子长高、结穗、抽穗，不慌不忙劳作一天，回家饮杯小酒，一季过去，又丰收了。日子过得自得得很。

去年端午节父亲也去田里插秧了，苗子和往年一样一天天地蹿着个儿，可父亲却暂停了时间，他再也赶不上稻谷抽穗，再也见不到满地金黄了。

今天我正想着要切大肉，竟看到秋分和秋社①在同一天，这才恍然大悟，恐怕我家过的就是秋社，只是秋社日子难

记，村里流传下来的日子便变成了相近且更好记的秋分。

秋社祭土地神，大地孕育粮食哺育人们，人们不忘感谢，回赠以歌舞，宰牛羊，大口享用，告诉神自己过得不错。这母子般亲密的关系，让父亲感到安定，无怪乎他在有生之时，想多听听土地的声音，抚摸土地的馈赠。

◎ 食材	猪五花	猪腰	猪肚	猪心	烙饼	生姜	米饭	甘草	官桂	桂花	花椒	缩砂仁	红豆	杏仁	白芷	酒	醋	酱油	香葱	栀子果3颗

① 秋社：祭祀土地神的祭坛称为"社"，从天子到诸侯乃至平民，凡有土地者均可立"社"，社日成为邻里之间举行欢庆活动的日子。"社日"一年有两次，分为"春社日"和"秋社日"。"春社"是春天耕作之前，祈求社神保佑一年风调雨顺，时间为立春之后的第5个戊日（是指用干支纪日法时天干为戊的日子，每10天就会有一个戊日），大致在春分前后；"秋社"是在丰收之后，向社神报告丰收的喜讯，表示答谢，时间为立秋之后的第5个戊日，大致是秋分前后二者合起来称为"春祈秋报"。向神表达感谢的方法为击鼓，随歌起舞，平分社肉，饮社酒。

◎ 做法

一　猪五花入油锅，以中火煎炸至双面焦脆。

二　往锅内放入煎炸好的猪五花、猪腰、猪肚、猪心，倒入酒、醋各一盏，一勺酱油，然后倒入冷水，以没过食材为度，然后加入甘草、官桂、桂花、花椒、缩砂仁、红豆、杏仁、白芷、香葱等食材。

三　提前用栀子果泡一盏栀子水。

四　待汤汁熬至见底，倒入栀子水，加适量食盐调味，小火收汁。

五　肉类放冷后，将肉、烙饼切成大小一致的方块。

六　把肉、烙饼、姜片铺在米饭上，再浇上肉汁，即成社饭。

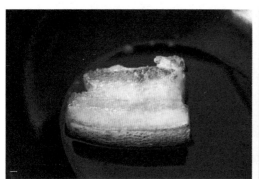

食宋记

制作参考：宋·陈元靓《事林广记》

秋社见于春社，梦华录云：秋社各以社糕、社酒相赉送。贵戚宫院以猪羊肉、腰子、妳房、肚、肺、鸭、饼、瓜之属，切作棋子片样，滋味调和，铺饭上，谓之社饭。

社饭的做法类似于爊肉，其中的爊料参考了元代韩奕《易牙遗意》的方子。

细爊料方：甘草多用，官桂、白芷、良姜、桂花、檀香、藿香、细辛、甘松、花椒、宿砂、红豆、杏仁等，分为细末用。凡肉汁要十分清，不见浮油方妙，肉却不要干枯。

拾

九月

"风定小轩无落叶，青虫相对吐秋丝。"

《秋山草堂图》王蒙 元

橙玉生

"汗后鹅梨爽似冰，花身耐久老犹荣"

秋风不燥物，燥人。天气一变，身体立马能感受到，最近口舌干燥得厉害，特别是五更喂奶，半梦半醒中饮水数杯，最后直跑厕所，喉咙干涩却一点儿也没缓解。

母亲知道我这秋燥的毛病，叮嘱我要多吃梨。诚实说，我小时候最怕吃梨，一边咳嗽一边吃着煮烂的梨肉，冒着热气的梨水既不甜也不香，还泛着一股陈腐味儿。对梨汤的这种记忆让我对梨也厌恶不已。

直到前年去邯郸出公务，吃到了当地果农给的鸭梨，迟疑着一口咬下去竟体会到了清脆多汁却浓甜肉酥的奇妙口感，而且鸭梨个头大，不用担心像吃香梨一般，要思考用几成力才不会咬到核。

自那时起，每年秋天我会寄一些梨回家，叮嘱母亲直接吃更润燥，别再煮了。

大自然和人的关系很奇妙。秋天梨熟了，在秋天
口干舌燥的人们正好吃到了梨，奇妙地感到格
外滋润，心也静了。他们会生出"万物皆为人而
生"的自大吗？还是会谦卑地感谢大自然的恩
赐，感叹"人源于自然，当归于自然"？
一边感叹一边饮酒，顺便把梨也做进"下酒菜"
里，再起一个颇有诗意的名字：橙玉生。

○
食材

酱 食 醋 橙 雪
油 盐 　 子 梨

◎
做
法

一　将雪梨去皮，切成均匀的骰子般　　三　在橙汁中加入适量食盐、醋、酱
　　大小。　　　　　　　　　　　　　　　油①，将其淋在雪梨上，拌匀。

二　橙肉去核，捣烂后，取汁水备用。　四　撒上少量橙皮粒做装饰。

制作参考：宋·林洪《山家清供》

雪梨大者，去皮核，切如骰子大。后用大黄熟香橙，去核，捣烂，加盐少许，同醋、酱拌匀供，可佐酒兴。

---

① 调味水果：用五味来拌水果，甜咸调味，可激发水果深层次的鲜甜。这种水果吃法在宋代
　比较常见，如另一道梨和橙相拌的"春兰秋菊"。有学者喜欢把它与现代的水果捞关联
　起来。

茱萸酒

"重阳过后，西风渐紧，庭树叶纷纷。朱阑向晓，芙蓉妖艳，特地斗芳新"

重阳[1]时，这会儿天气还算不上秋高气爽，但也不再动辄大汗淋漓。盘算着带着饭饭回婆家看望他奶奶，在丈夫小时候撒野的地方登高、赏菊、插茱萸。

驱车两日到了河南，问起丈夫家乡可有特别的重阳风俗，丈夫思索半晌，说南朝桓景登高喝菊酒，因而避了性命之灾，他登的那座山离这儿不远，要说习俗倒没严格传承。

"不过酒肯定是在每个节日都喜欢喝的。"像是看穿我在苦恼什么，他探出脑袋又补充了一句。

果真这边卖茱萸的不少，我心中大喜。

泡制一罐重阳茱萸酒给家宴助兴，是最应节日的心意了。

茱萸被大家奉为重阳吉物，除因桓景登高免灾的传奇，也因茱萸本就可入药治病。

用酒与盐泡制以减其微毒，待茱萸酒渐成缥云色便即可饮用。

我习惯用米酒浸泡，一来因为重阳用稻米烤酒是家乡习俗，外婆80多岁时依旧坚持烤重阳酒分给家人；二来用米酒泡制的果酒、药酒余味更为爽净，衬得茱萸清香更为突出。

◎ 食材
食盐
米酒
干茱萸一把

---

① 重阳："重阳"之名可追溯到《易经》："九"是"阳之极"，月和日都是"九"，故名"重九"；又因九月九日是两个阳数相重，故称"重阳"。重阳节真正形成大概在六朝时期，在唐宋达到鼎盛，时人登高宴饮、饮菊花酒、插茱萸，甚至进行骑马射箭等活动。

登高宴饮求仙避恶、采菊佩萸避厄消灾、食糕祭祀取吉祈寿等民俗活动，格外符合民间信仰，又与民众生存环境紧密相连，于是文人爱歌重阳，统治者重视重阳，再反馈到民间，这个岁时俗在历史长河里不断丰满，变得非常重要。据《荆楚岁时记》引《续齐谐记》载："汝南桓景随费长房游学，长房谓之曰，九月九日，汝家当有大灾厄。急令家人缝囊，盛茱萸系臂上，登山饮 菊花酒，此祸可消。景如言，举家登山。夕还，见鸡犬牛羊一时暴死。长房闻之曰：'此可代也'。今世人九日登高饮酒，妇人带茱萸囊，盖始于此。"

◎
做
法

一 将干茱萸洗净备用。

二 将茱萸碎倒入米酒中浸泡片刻，加一小撮盐
即可饮用。

食宋记

制作参考：宋·陈元靓《岁时广记》

提要录：北人九月九日以茱萸研酒，洒门户间辟恶。亦有入盐少许而饮之者。

山煮羊

婆家备的家宴菜品极为丰富，亲戚往来，觥筹交错，围着热气腾腾的饭桌话家常，持续了3个小时才舍得散场。

婆婆只知我做古人的食物颇为有趣，随口与我聊起，古代人在重阳会吃什么。

我答菊糕。婆婆点点头不觉稀奇、现代人天天都能吃这甜腻的糕点，有何特别？

我又说，这天皇上还会赐宴，与民同乐，民间也组织民宴，全国上下都在吃吃喝喝。老人家果然来了兴趣，问皇上一般喜欢吃什么。

宋代的人，一到了宴请就离不开羊肉，这登高辞秋天气渐寒的节日，更是少不了一道炖羊肉。

"用杏仁炖小腿肉，等骨头都炖烂了再出锅，放进嘴里就化了，汤里全是鲜味。"

婆婆甚是期待。

第二日家里只留4人用食，我便割了一只羊小腿，做了皇上也吃的味道。

◎ **食材**

羊小腿一只
杏仁一小把
香葱
花椒
食盐

◎

做法

一　将杏仁稍稍捶捣待用。

二　羊小腿斩小段，依次放入葱段、花椒、杏仁，加水没过食材，大火烧开后，转小火炖煮半小时。

三　捞出葱段，加适量食盐调味，以小火继续炖煮一小时即可。

制作参考：宋·林洪《山家清供》

羊作脔，置砂锅内，除葱、椒外，有一秘法，只用捶真杏仁数枚，活火煮之，至骨亦糜烂。每惜此法不逢汉时，一关内候何足道哉！

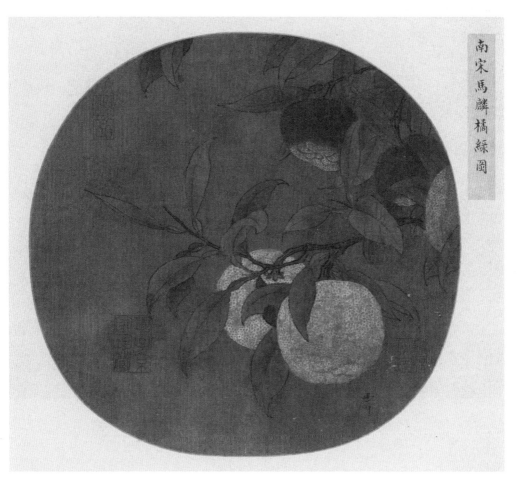

《橘绿图》马麟 宋

蜜酿蝤蛑①

"半壳含潮带靥香。双螯嚼雪迸脐黄"

初为人母，全身心只关心产育知识，偶有闲去书房坐会儿，手里捧着的，也叫作《妇人大全良方》。

好在古人偏爱食疗，认为万物皆有其治愈之处，所推荐的方子大都从平常食物中来。

"蝤蛑，破血、通经、通乳。治产后血瘀，宿食，乳汁不足。"

倒不是身子真有这些病症，只是这蝤蛑霜饱蛤蜊肥的季节，品美食的理由来得正是时候啊。

正好前几日做橙玉生还留下几颗甜橙，一道蜜酿蝤蛑便呼之欲出了。

应季的蝤蛑强壮得像个年轻的将军，即使青甲煮成朱红，也没失了威风。

掰开螯脚尽是嫩肉，因新鲜细肉轻轻一

---

① 蝤蛑：即梭子蟹。

拨即可取下，不留一丝残余，蟹壳通亮，可见光渗透。品蟳蜅的快乐一定不能少了拆蟳蜅。蜜酿蟳蜅这道菜色美，卵黄、甜橙、蜂蜜、蟹壳，皆属同一色系，再用一青色的瓷皿供醋，放一起便"最是橙黄橘绿时"。

◎ **食材**

梭子蟹一只
蜂蜜一小勺
鸡蛋两个
橙子一个
醋
食盐

一　将梭子蟹刷洗干净，放入盐
　　水中煮至稍稍变色。

二　掰开蟹壳、蟹腿，取出其
　　中的蟹肉、蟹膏。

三　蟹腿肉剁碎，铺排在蟹
　　壳内。

四　将两个鸡蛋打散，加少
　　许蜂蜜、适量食盐混合
　　调味。

五　将蛋液倒入蟹壳中，水上
　　汽后，蒸2分钟定型。

六　将蟹膏铺在蛋液上，上锅
　　再蒸3分钟即成。

七　将橙肉捣碎，倒入醋，拌
　　匀，做调味料。

制作参考：元·倪瓒《云林堂饮食制度集》

盐水略煮，才色变，便捞起。擘开，留全壳，螯脚出肉，股剁作小块。先将上件排在壳内，以蜜少许入鸡弹内搅匀，浇遍。次以膏腴铺鸡弹上，蒸之。鸡弹才干凝便啖，不可蒸过。橙齑、醋供。

拾壹

十月

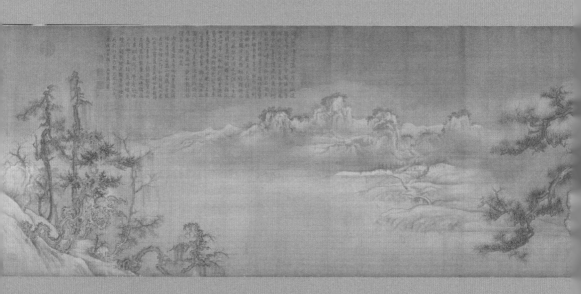

《渔村小雪图》王诜 宋

"寂寥小雪闲中过，斑驳轻霜鬓上加。
算得流年无奈处，莫将诗句祝苍华。"

小雪暖炉会

虽说已立冬，但日间依然温暖和煦，走在秋阳里毛衫略有透风，却惬意极了。

友人约我过几日围炉煮茶，说是时新的玩法，我正纳闷现在就生火炉会不会为时过早，到了约定的日子气温竟骤降10℃，炉上滚着的热茶和一不小心就焦了面儿的大枣花生，大大方方地邀请我入了冬。

为了答谢友人，我设了一场暖炉会①，"及炙脔肉于炉中，围坐饮啖"。

近日露凝霜重，北风不减，不如就定在总让人心生寂寥的小雪之日，围炉炙肉以抵寒冬。

拥炉烧酒、围炉烤肉可是宋时一年中不可错过的雅事，聚集一众文人雅士，不慌不忙进入温暖饱腹又微醺的状态，借饮食谈诗论词，征引诗词中的名句，继而有感而发，在炉边诞生的诗词数以千计。

宋人民间的暖炉会较随意，挑个大家都合适的日子，手到之物皆可烤。但宴请友人总不可太随便，烤物也得有韵味，谈诗论词虽是有些勉强，但几位老饕名人的美食非得安排上不可。

---

① 暖炉会：《岁时杂记》中说"京人十月朔沃酒，及炙脔肉于炉中，围坐饮啖，谓之暖炉"。天冷了，宋人就围坐在炉子旁边烤肉边喝酒。

土芝丹

"煨得芋头熟，天子不如我"

一定要把林洪在冬夜围着火炉烤出的芋头给友人备上。说是有什么秘诀能让芋头比皇上吃的芋头还好吃，或许是用米酒、米糠、宣纸煨熟的芋头，掰开后热气腾腾，扑面而来的有酒香、米香，还有书香吧。

一边烤芋头一边给友人聊这芋头的趣事，当作"借食物谈诗"的世俗雅致。林洪记录这道菜的时候取了有名的懒残禅师的故事。禅师正在牛粪火中煨芋头。有人召见他，他沉迷煨芋头就推辞说："煨芋头忙得鼻涕都来不及擦，哪有那闲工夫见人。"（尚无情绪收寒涕，那得工夫伴俗人。）这位禅师又懒又吃残食，但却大有来头，预言了李泌10年宰相仕途。因此，说到山野雅趣，土芝[1]丹总是首先被提及。

---

[1] 土芝：就是芋头。土芝丹就是煨芋头。这足以说明土芝丹有多好吃。林洪又说，有个山野之人有一首诗："深夜一炉火，浑家团栾坐。煨得芋头熟，天子不如我。"

◎ 食材

芋头一斤
宣纸若干
白酒一小碗
酒糟一斤
米糠一大碗

◎ 做法

一　白酒烧沸后，继续煮约3分钟。

二　宣纸[1]沾水打湿，包裹住芋头，在包裹好的芋头表面均匀抹上煮好的白酒。

三　依次裹一层酒糟、米糠。

四　待米糠在芋头上粘黏得更稳固些，即可上火炙烤。

制作参考：宋·林洪《山家清供》

芋，名土芝。大者，裹以湿纸，用煮酒和糟涂其外，以糠皮火煨之。候香熟，取出，安地内，去皮温食。冷则破血，用盐则泄精。取其温补，名"土芝丹"。

[1] 宣纸的使用：宣纸可湿而不破，以更好稳固酒、酒糟和米糖，同时煨好之后更好揭去。

五味①烧肉

自有人开始就有了烤串儿,烤串儿算得上是上古美食。但直到宋代才逐渐把烤串儿的口味定了下来,"食味之和"与士人"中和"思想相得益彰,宋人遂弃了隋唐调味的"无用不及",更强调"五味调和,以致中和"。

茴香、莳萝、花椒先祛恶除腥,酱醋油调五味码肉上,烤至焦香脆嫩油粒子溢出,趁烫嘴的时候吃掉,可称得上大快朵颐。

友人得知这是宋时做法很惊讶,因其竟与如今的烤串儿口味相差无几。满足人之五味又中和而不偏颇,确实是值得传承至今的美味呀。

◎ **食材**

猪五花
茴香
莳萝籽
花椒
黄豆酱
醋
酥油
食盐

---

① 五味:指酸、苦、甘、辛、咸,是中国菜的核心理念。北宋居民对"五味调和"的核心理念有出色的贡献,他们将"和味"的观念落实于烹调之中,广泛将盐、酱、醋、糖、各种香料甚至酒用于调和味道,使菜肴五味调和,别具风味。值得一提的是,宋代首创酱油调味。

◎ 做法

一　将猪肉洗净，切成一厘米见方的小块。

二　将茴香、莳萝籽、花椒炒香，与黄豆酱混合，一同擂碎。

三　往擂碎的料中倒入醋，搅拌。

四　将以上香料倒入切好的肉块中，加适量食盐，抓拌好后腌制一小时。

五　用竹签将肉块串起，上火烤制。

六　用刷子将酥油均匀刷在肉的每一面上，不停翻面，烤至焦香脆嫩。

制作参考：宋·陈元靓《事林广记》

鹿獐兔等净肉，打作小儿，用茴香、莳萝、小椒、酱，一处研烂，以好醋破开，去滓，将肉淹拌，肉匀一二时许，签子上插定，炭火烧丸，酥油拌供之。

拾壹 ◎ 十月

炙鱼

和烧肉一样，炙鱼也需要去腥调味。但鱼腥与肉臊不同，鱼腥处理得当最显功力，暴力掩盖腥味却也会失了鲜。

拥有奇思妙想的古人把羊和鱼放在一起，羊膻鱼腥竟消解得刚刚好，只剩下了鲜。于是，鱼、羊在一起成就了不少大菜。

羊网油炙鱼，自是比菜籽油和猪油烤鱼来得更鲜美。

◎ **食材**

鲫鱼一条
羊网油
花椒20颗
香油
食盐
生姜

◎ 做法

一　将鲫鱼刮鳞去腮，清理内脏洗净后，用适量食盐、生姜、20颗花椒腌制半小时。

二　沥干鲫鱼表面的水分，热锅倒入香油，以中火将鲫鱼煎熟后放冷。

三　将羊网油在热水中洗净，以刀背拍断羊网油筋膜。

四　用羊网油包裹住煎熟的鲫鱼。

五　将鲫鱼烤至羊网油融入鱼身，焦香酥熟。

六　揭掉鲫鱼表面未完全融化的羊网油，即可食用。

制作参考：宋·陈元靓《事林广记》

鲂鱼为上，鲤鱼鲫鱼次之，重十二三两或至一斤者佳，依常法洗净，控干，每斤用盐二钱半，川椒一二十粒，淹三两时，沥去腥水，香油煎熟，放冷。逐以羊肚脂裹上，亦微掺盐，炙床上，炙令香熟，浑揭起脂食之。

傍林鲜

友人喜欢时新的东西，近年又迷上露营，讲起一次见别人生火烤笋，馋得她念了大半年。

我笑现在时新的东西颇有古风：在竹林里生火，就地取材，煨熟竹笋，一边细嚼慢咽吃着多汁甘甜的竹笋，一边讲那件苏东坡调侃文同的趣事。

○ **食材**

竹叶 竹笋

友人说这个故事她恰好知道，便细细道来："说临川太守文同极爱吃笋，有一天吃午饭的时候正好收到了表兄苏轼[1]的信，信中坡仙就开玩笑说你这位太守的肚子里装了千亩的竹笋吧。文同笑到喷饭，因为他的午餐正是煨竹笋。"

---

① 苏轼与傍林鲜：林洪讲的这个故事，原诗是苏轼的《和文与可洋川园池三十首·筼筜谷》："汉川修竹贱如蓬，斤斧何曾赦箨龙。料得清贫馋太守，渭滨千亩在胸中。"

一　将竹笋带壳清洗，用竹叶将竹笋包
　　裹，点火。

二　将竹笋煨至笋肉松软、笋壳焦香，
　　去掉笋壳，可撒盐或蘸酱吃。

制作参考：宋·林洪《山家清供》

夏初林笋盛时，扫叶就竹边煨熟，其味甚鲜，名曰傍林鲜。文与可守临川，正与家人
煨笋午饭，忽得东坡书，诗云："想见清贫馋太守，渭川千亩在胸中。"不觉喷饭满
案，想作此供也。大凡笋贵甘鲜，不当与肉为友。今俗庖多杂以肉，不思才有小人，
便坏君子。"若对此君成大嚼，世间哪有扬州鹤"，东坡之意微矣。

炙蕈

总觉得傍林鲜只烧竹笋还不够，把厨房搬到林子里，食材可就多起来了。最常见的当属"取之不尽"的蕈和蕨。

蘑菇里香菇的味最浓郁，且因它又肥又白，人们称之为"肉蕈"。因此，香菇自然排在烤蘑菇首选之位。

◎ 食材

香菇　热油　生姜　橘皮　甜酱　花椒

◎ 做法

一　香菇洗净后，切片，在热水中浸泡约10分钟。

二　将香菇捞出，挤干水分，倒入热油拌匀。

三　在香菇中加入适量姜丝、橘丝、甜酱、花椒，抓拌好后腌制1小时。

四　将腌制好的香菇夹至烧烤石板上，炙烤至双面微焦即可。

制作参考：宋·陈元靓《事林广记》

肥白肉蕈不以多少，旋浸汤浴过，勿浸多时，轻轻握干，入热油搅拌，次入姜、橘丝、甜酱、浑椒各少许，拌和得所淹浸，移时炙铲上，炙干，再蘸汁，汁尽为度。

酥琼叶

暖炉会的主食选了"削成琼叶片，嚼作雪花声"的酥琼叶。很难不怀疑这是一道"意外"得来的美食。前一天没吃完的馒头，切成片儿，抹上手边的蜂蜜，在火堆上烤上几分钟，难以下咽的冷馒头变得脆生生、甜滋滋的。杨万里最爱这种比喻，一手一片拿着花瓣似的，一咬一嚼像踩在雪地上发出的有节奏的咯吱声。

不役于物，才能把人之情感融于物，才有了诗。

◎ 食材

隔夜的冷馒头

蜂蜜

一　将馒头切成厚度均匀的薄片，均匀
　　地在每一面上涂抹蜂蜜。

二　将涂抹好的馒头片炙烤至双面金黄
　　焦脆。

制作参考：宋·林洪《山家清供》

宿蒸饼薄切，涂以蜜，或以油，就火上炙，铺纸地上散火气，甚松脆，且止痰化食。
杨诚斋诗云："削成琼叶片，嚼作雪花声。"形容善矣。

洞庭春色①

暖炉会不可无酒。在秋天柑橘刚上市之时，我就迫不及待地把"玉色疑非酒、莫遣公远嗅"的洞庭春色酿出来了，友人入座，我便拿出这黄柑酒揭盖，果真"瓶开香浮座"，远胜葡萄酒。

饮酒聊古人，轶事最多的当属苏东坡，聊到兴头上，道听途说的故事也懒得考证了，当是有趣的、可爱的都与坡仙有关准没错。

黄柑酒的故事，友人觉得最为有趣。

说黄柑酒是安定郡王的传家酒，用的柑橘很名贵，因而非常好喝。喝完，苏东坡就写了《洞庭春色赋》，仔细记录了酒的香色味，后来应该是颇为想念那美味，便自己试图在家酿造。味道是否一致不得而知，但据苏东坡儿子说，父亲的那黄柑酒，总让人拉肚子。

◎ **食材**
橘子
白酒

---

① 洞庭春色：指黄柑酒。苏轼在《洞庭春色赋》引言写道："安定郡王以黄柑酿酒，谓之洞庭春色，色香味三绝，以饷其犹子德麟。德麟以饮余，为作此诗。醉后信笔，颇有沓拖风气。"大致意思就是苏轼喝了这了不起的酒，写了这首诗。这酒是安定郡王的传家酒，用了洞庭"真柑"，一颗值百钱，非常珍贵。

一　取熟透的橘子，洗净后刮去瓤白，留皮备用。

二　煮酒时，取数片橘皮放入酒器中一同加热，即得洞庭春色。

制作参考：宋·陈元靓《事林广记》

橙子，取十分登熟者，净刮去穰白，取皮。每煮酒，临封，次以片许纳器中，开饮香味可人。

拾贰

十一月

《芦汀密雪图》梁师闵 宋

"江南江北雪漫漫，遥知易水寒。同云深处望三关，断肠山又山。"

算条巴子①

围炉烤肉的腾腾热气随着客人的离开逐渐消逝，家里又只剩下我和饭饭应付着日常。

今日大雪，冬雨淅淅沥沥地落在窗沿，江上的货轮只看得见轮廓，白昼暗如黑夜。

旧时，冬天会让很多事变得艰难，食物变少，柴火短缺，病痛易侵……

人们做着最大的努力度过严冬，贮存食物，堆积柴火，想出各样的节庆让大家聚在一起。仿佛人越多，坏东西就越不能近身，我们就越能快一点送走黑暗，迎来春暖花开。

在我的记忆里，儿时，好像整个冬天村里的人都在着急备年货，熏腊肠腊肉的烟从立冬开始覆盖村子，一直持续到元旦。将熏好的腊肉排上窗台，人们才安下心，打点一些其他的年货等着过年。

父亲爱吃腊肉，夹上一块半肥半瘦的，什么料也不加，一口咬下去，眯着眼睛啧啧称赞。如果父亲下工晚，不想自己再割腊肉蒸煮，便去橱柜拿几块现成的猪肉脯，配上一碟花生米，下酒。

猪肉脯是甜麻味，有时还会带点辣，是母亲给父亲单独备着的消夜。甜的肉脯可比老腊肉更让孩子垂涎，被我们发现了这秘密后，装肉脯的盒子很快就空了。我们自然免不了被母亲一通骂，但从那开始，我们家的橱柜里倒是多了一个装满肉脯的铁蹄盒子。

当别人家屋顶挂着的腊肉让人安心过冬的时候，我们看着满盒子的肉脯期待着新的一年。

直至今日，衣食不愁的人们依然会安慰别人：熬过冬天就好了，冬天过了春天就来了。

父亲没能熬过这个冬天。

做最大的努力准备好食物，备足衣物，聚集了人气，最终还是让病魔带走了他……

---

① 算条巴子：其名为食物的形状与制作方法的组合。算条为"算子"，即古代计算用的筹码，条状，3寸长；巴子是古人将肉加以佐料晒干蒸熟的做法，最初为便于食物贮存而生。其产生的原因与腊肉相似，但口味却更接近如今的肉脯。

◎ **食材**

猪五花500g

砂糖30g

花椒2g

缩砂仁1g

◎ **做法**

一　猪肉肥、瘦对半切开，各自切成条状。

二　将花椒、缩砂仁炒香后，磨成粉末，加糖，一起倒入猪肉条中，抓拌均匀，腌制半日。

三　将腌制好的猪肉在松针上铺摆开。

四　在太阳下晾晒至极干。

五　洗净后上锅蒸45分钟即可。

制作参考：宋·浦江吴氏《中馈录》

猪肉精肥冬各另切作三寸长，各如算子样，以砂糖、花椒末、宿砂末调和得所，拌匀、晒干、蒸熟。

冬至①

"休把心情关药裹，但逢节序添诗轴。笑强颜、风物岂非痴，终非俗"

送走父亲后，我本想在老家多留些时日，母亲和弟弟妹妹执意让我带着饭饭先回杭州。刚回到杭州，丈夫和孩子就高烧不已。我一边忍痛照顾着病人，一边责备自己两头都没顾好。我下楼扔垃圾，却忘了穿大衣，冷得直哆嗦。站在被冻得静止了似的寒夜里，眼泪止不住随着零星的雪渣子一起落在脸上。

回来时饭饭总算睡着了，妹妹心有灵犀般发来了信息："姐姐，过两天就是冬至了，寒冷的时刻就要过去了。"

我嗓子和头都疼极了，心想："真的吗？"丈夫也失声了，我们只能写字交流。说了一些日常的话后，丈夫给我看了往年冬至的照片，南方没有吃面食的习惯，他作为北方人就教大家擀面做馄饨②，我也没闲着，检查馅儿还差了什么料。

我又翻看那一道道菜的照片才记起来，原来好多事是今年发生的，却像过了好久好久。

饭饭已经会坐了，越发有了自己的主意。父亲昏迷的这一年，母亲逐渐接受了他随时会离开的事实。妹妹也订婚了。这一年我辞掉了工作，照顾襁褓里的饭饭。于是我今年做了格外多的菜肴。我隐隐感觉到自己的生活在被一件件的事推着走，由不得自己做主，而且它走得太快了，如果我不想办法抓住它，它便什么都不会留下。或者说只会留下混沌的记忆。当被灌进脑子里的不快乐的记忆由具体逐渐变得混沌，回忆里剩下的多半是散不去的恐惧。

父亲的昏迷和饭饭的来临几乎同时发生，我难以彻底地悲伤，也难以纯粹地喜悦。这大概超出了我描述情感和处理情绪的能力，只是踉着步跟在时间后面，这一天做了什么，几乎没印象。

冬月那时，我回去看望父母，母亲在医院的嘈杂声和消毒水味中抬起疲惫的脸提醒我："过年的肉和饭菜别忘了早点准备。"我说，好，便真的在医院里就认真思考起年夜饭的菜单来。接着便有了这一年的菜肴。把好的时节做成形，把感慨和叹息变成尝得到的味道，借古人的心境治愈自己，重塑具体鲜活的记忆以抵抗混沌带来的恐惧。

以前的人们以冬至为岁初，自是觉得至暗之后就是光明，"新"从一点点光开始，然后一路明媚。

① 冬至：上古时期，冬至是历元的起始，既是"阴极之至"，又是"阳气始至"，新的一年从冬至开始；后冬至月与正月分开，但人们对冬至的重视有增无减，一直有"冬至大于年"的说法。宋代的冬至也极为重要，冬至时，皇家祭祀、举行大朝会、赐宴、赦免天下；民间祭祖祭神，官放关扑，庆贺往来，一如年节。

② 馄饨：馄饨从汉代就有了，到了唐代，冬至吃馄饨的习俗确定了下来。宋代吃馄饨的花样特别多，相关史料也比比皆是，比如"贵家求奇，一器凡十余色，谓之'百味馄饨'"。馄饨也是祭祀的首选食物。
自古就有吃馄饨与天地初始相联系的说法："夫馄饨之形有如鸡卵，颇似天地混沌之象，故于冬至日食之。"

百味馄饨

据说馄饨与"天地混沌"有关，阴外阳内，皮"阴"馅儿"阳"，在水里如同浮云不成形。吃下这口馄饨，便是吞了阴暗，破阴释阳，拨云见雾。

百味馄饨我最近几年都做，说是宋代富贵人家求奇，喜欢在菜盘里呈现多种颜色，"百"字谓"多"，能做10多种颜色的已经是大户人家了。我家5

口人，不算多但正好填满小屋，每天见炊烟升起就从山上往家赶，一家人围着桌子吃着热腾腾家常菜。5种颜色就够了，足够富足了。

百味馄饨照往常做了5种颜色的：猪肉白皮馄饨、鳜鱼红皮馄饨、鸭肉丁香紫皮馄饨、辣姜黄皮馄饨、笋蕨[1]绿皮馄饨。

① 笋蕨：冬日无新鲜春笋、蕨菜，取收贮的笋干、蕨菜干制作笋蕨馄饨。

（一）猪肉白皮馄饨

◎ 馄饨皮食材

高筋面粉200g
食盐3g
水80mL
绿豆淀粉少量

◎ 馄饨皮做法

一 面粉中加入食盐，混匀，分次倒入
水搅成絮状。

二 将面絮揉成光滑偏硬的面团，发酵
约30分钟。

三 揉面约百次后，将其擀薄，边擀边
双面撒上绿豆淀粉防粘黏，然后切
成9cm×9cm大小的正方形。

◎ 馅料食材

猪腿肉200g
花椒10粒
缩砂仁4颗
香葱一小把
黄豆酱一小勺
香油一勺
食盐

◎ 馅料做法

一　猪腿肉肥瘦分开，分别切细剁成泥。

二　香葱切细，用热油炒香。

三　将花椒、缩砂仁炒香后研磨成粉末，
　　黄豆酱剁碎，将花椒末、缩砂仁末、
　　黄豆酱、香葱及香油混合。

四　将调好的调料倒入猪肉中抓拌，并
　　加适量食盐调味。

五　馄饨皮上放上馅料。

六　馄饨皮四周抹水，将皮对折，然后
　　两边收紧（馄饨造型不限）。

制作参考：宋·陈元靓《事林广记》

白头面一斤，用盐半两，新汲水和，如落索面，频入水，和搜如饼剂，停一时。再揉百十，揉为小剂，骨鲁槌捍，以细豆粉为米字，四边微薄，入馅蘸水合缝。下锅时，将汤搅转一下，至沸频洒水，火长要鱼津，滚至熟有味，滚热味短多破馅子。如用猪羊肉，先起去皮后，起去膘并脂，将膘脂剁为烂泥，精肉切作馅，不可留一点脂在精肉上。下椒末并缩砂仁末着中用，以香油、酱、葱细切打作，炒葱，勿用生葱，用之浑气不可食，入盐调和咸淡得所。

（二）鳜鱼红皮馄饨

◎ 馄饨皮做法

如白皮制作方法，唯一的不同是在和面时加入3g红曲粉。

◎ 馅料食材

鳜鱼一条
猪肥肉50g
羊肥肉50g
橘皮
花椒10粒
茴香一小把
香葱一小把
黄豆酱一小勺
香油一勺
食盐

食宋记

◎

馅料做法

一　将鳜鱼剖洗干净后，片下鱼腹，并将骨头剔除，而后将鱼肉剁细，猪肥肉、羊肥肉剁细。

二　将香葱切细，黄豆酱剁碎，用热油小火炒香。

三　将花椒、茴香炒香后研磨成粉末。

四　将橘皮去白瓤后切碎。

五　将花椒末、茴香末、橘皮、炒好的香葱豆酱、香油混合，倒入鱼肉中，加适量食盐调味，抓拌均匀。

六　依照猪肉白皮馄饨的包制方法，制作鳜鱼红皮馄饨。

制作参考：宋·陈元靓《事林广记》

鲤鳜皆可，净鱼五斤，猪膘八两柳叶切、羊脂十两骰子块切、用前馒头料末（切橘皮一去瓤碎切，椒末、茴香、葱丝、香油、酱擂细，先将油炼热入葱、酱打炒）拌匀包裹蒸法如右。

204

（三）鸭肉丁香紫皮馄饨

◎ 馄饨皮食材

高筋面粉200g
桑葚干20颗
丁香10颗
食盐3g
水80mL

◎ 馄饨皮做法

一　取桑葚干20颗、丁香10颗，煮水，至呈紫黑色。

二　将高筋面粉与桑葚汁、丁香混合，加盐，揉成光滑面团。依照白皮的做法制作紫色馄饨皮。

◎ 馅料食材

鸭肉2500g
猪肥肉50g
羊肥肉50g
橘皮1瓣
花椒10粒
茴香一小把
香葱一小把
黄豆酱一小勺
香油一勺
食盐

◎ 馅料做法

一 取鸭胸及鸭腿部分，约半斤，放锅
中煮熟。

二 将鸭肉煮熟后剁细，猪肥肉、羊肥
肉剁细。

三 将香葱切细，黄豆酱剁碎，用热油
小火炒香。

四 将花椒、茴香炒香后研磨成粉末。

五 将橘皮去瓤白后切碎。

六 将花椒末、茴香末、橘皮、炒好的
香葱豆酱、香油混合，倒入鸭肉
中，加适量食盐调味，抓拌均匀。

七 依照猪肉白皮馄饨的包制方法，制
作鸭肉丁香紫皮馄饨。

制作参考：

宋·陈藻《冬至寄行甫腾叔》："鸭肉馄饨看土俗，糯丸麻汁阻家乡。二千里外寻君话，今日那堪各一方。"

宋·陈元靓《事林广记》：每造十用鸭肉半斤煮熟，肥者猪膘一两并切如丝，羊脂切骰子块，将前件料（切橘皮一去穰碎切，椒末、茴香、葱丝、香油、酱擂细，先将油炼热入葱、酱打炒）味拌和包裹。

◎ 馄饨皮做法

一 将南瓜上锅蒸熟，搅打成泥。取南瓜泥
100g、高筋面粉200g、食盐3g混合。

二 依前法制作黄色馄饨皮。

◎ **馄饨皮做法**

一　将绿豆提前浸泡，直至用手一捻即褪皮。

二　将所有绿豆去皮后，上锅大火蒸30分钟。

三　绿豆晾凉后，将其擂成泥，过筛备用。

四　生姜去皮后，磨成泥状。

五　将姜泥、蜂蜜、冰糖、熟油、食盐一同倒入绿豆泥中拌匀，冰糖与食盐的用量可根据个人喜好确定。

六　依照猪肉白皮馄饨的包制方法，制作辣姜黄皮馄饨。

制作参考：宋·陈元靓《事林广记》

绿豆拣净磨破，水浸去皮蒸熟，研令极细，入蜜、糖、姜汁、熟油、盐调和味匀。

（五）笋蕨绿皮馄饨

◎ **馄饨皮做法**

一　将菠菜焯水后研磨成泥，滤汁80g，与高筋面粉200g、食盐3g混合。

二　依前法制作绿色馄饨皮。

制作参考：宋 · 林洪《山家清供》

采笋、蕨嫩者，各用汤焯。以酱、香料、油和匀，作馄饨供。

一

二

◎ **馅料做法**

一　将笋干、蕨菜干提前一晚浸泡。

二　将泡洗好的笋干撕成细条后切碎，蕨菜干切碎。

三　将花椒、茴香炒香后研磨成粉末。

四　热锅热油，倒入笋干与蕨菜干炒香，转小火加入黄酒、酱油、花椒末、茴香末、食盐调味。

五　依前法，制作笋蕨绿皮馄饨。

林洪,章原.山家清供[M].北京:中华书局,2013.

陈元靓.事林广记[M].北京:中华书局,1999.

佚名.居家必用事类全集[M].北京:中国商业出版社,2023.

吴自牧.梦粱录[M].田游,译注,南昌:二十一世纪出版社集团,2018.

苏轼.仇池笔记[M].上海:华东师范大学出版社,1983.

陈元靓.岁时广记[M].许逸民,点校,北京:中华书局,2020.

陶谷.清异录:饮食部分[M].北京:中国商业出版社,2021.

浦江吴氏,曾懿.中馈录:古法制菜 隐藏的厨娘食单[M].上海:上海文艺出版社,2020.

孟元老.东京梦华录[M].谭慧,注释.北京:北京联合出版公司,2016.

洪迈.糖霜谱:外九种[M].上海:上海书店出版社,2018.

周密,朱延焕.武林旧事[M].郑州:中州古籍出版社,2019.

程杰.论杭州超山梅花风景的繁荣状况、经济背景和历史地位[J].阅江学刊,2012.

孟元老.东京梦华录[M].侯印国,译著.西安:三秦出版社,2021.

曾维华,张斌.我国古代食品"牢丸"考[J].河南广播大学学报,2013.

范成大.吴郡志[M].陆振从,校点.南京:江苏古籍出版社,1986.

龚玉和.杭州古都文化研究会与恢复花朝节[J].杭州:我们,2017.

林洪.山家清供: 人间有味是清欢[M].天津:百花文艺出版社,2019.

卓力.宋代点茶法的审美意蕴研究[D].成都:四川师范大学,2018.

林继富.端午节习俗传承与中国人的文化自信[J].长江大学学报(社会科学版),2018.

程民生.七夕节在宋代汴京的裂变与鼎盛[J].中州学刊,2016.

徐海荣.中国饮食史:卷四[M].北京:华夏出版社,1999.

任正.重阳节俗的历史检视与当代价值[J].山西高等学校社会科学学报,2020.

富察敦崇.燕京岁时记[M].北京:北京古籍出版社,1981.

贾思勰.齐民要术[M].北京:中华书局,2022.

李时珍.本草纲目[M].上海:上海科学技术出版社,1993.

跋

　　初邱在参照古籍留下的美食做法时非常严谨。如有详尽说明做法的，她会再三确认食材名称是否古今一致，如做炉焙鸡使用的醋，文献里并未讲明，但考虑到吴氏乃吴越之人，惯用米醋，她便尝试了好几种米醋，以确认她使用"玫瑰醋"的合理性。如未说明做法（《东京梦华录里》有不少"提一嘴"的美食），她便会翻阅大量文献以考证这道菜的传说中的做法的可信度。

　　其中自然涉及宋代的文化和习俗，她也尽量根据宋人的思想和生活主题去思考菜的成因和制作方法。

　　这一道菜一道菜地琢磨下来，本该年初交付的稿件一直反复修改到了年末。光是文献，她就看了上万页。

　　琢磨这些食材和做法并不是要出一本考据性质的书，这本书的初衷是关注自己——在与古人"打照面"的过程中更重要的那端是"我"，是自我与历史产生紧密联系。

　　初邱把这一年多的心路历程付诸餐桌，不仅串起了四季节序，也回应了力不从心的生活、脆弱却盎然的生命。

　　希望这本书有三两道菜能打动你，有几种情绪能引起你的共鸣，更希望你也能与历史、与自然美景产生特殊的联系。